essentials

essentials liefern aktuelles Wissen in konzentrierter Form. Die Essenz dessen, worauf es als „State-of-the-Art" in der gegenwärtigen Fachdiskussion oder in der Praxis ankommt. *essentials* informieren schnell, unkompliziert und verständlich

- als Einführung in ein aktuelles Thema aus Ihrem Fachgebiet
- als Einstieg in ein für Sie noch unbekanntes Themenfeld
- als Einblick, um zum Thema mitreden zu können

Die Bücher in elektronischer und gedruckter Form bringen das Fachwissen von Springerautor*innen kompakt zur Darstellung. Sie sind besonders für die Nutzung als eBook auf Tablet-PCs, eBook-Readern und Smartphones geeignet. *essentials* sind Wissensbausteine aus den Wirtschafts-, Sozial- und Geisteswissenschaften, aus Technik und Naturwissenschaften sowie aus Medizin, Psychologie und Gesundheitsberufen. Von renommierten Autor*innen aller Springer-Verlagsmarken.

Jonathan Wolf Mueller

11 ½ ungewöhnliche Fakten über DNA

oder was man auch mit DNA machen kann

Jonathan Wolf Mueller
Institute of Metabolism and Systems Research
University of Birmingham
Birmingham, Großbritannien

ISSN 2197-6708 ISSN 2197-6716 (electronic)
essentials
ISBN 978-3-658-37769-4 ISBN 978-3-658-37770-0 (eBook)
https://doi.org/10.1007/978-3-658-37770-0

Die Deutsche Nationalbibliothek verzeichnet diese Publikation in der Deutschen Nationalbibliografie; detaillierte bibliografische Daten sind im Internet über http://dnb.d-nb.de abrufbar.

Planung/Lektorat: Sarah Koch
Springer Spektrum ist ein Imprint der eingetragenen Gesellschaft Springer Fachmedien Wiesbaden GmbH und ist ein Teil von Springer Nature.
Die Anschrift der Gesellschaft ist: Abraham-Lincoln-Str. 46, 65189 Wiesbaden, Germany

Was Sie in diesem *essential* finden können

DNA ist unglaublich vielseitig. In Biochemie- und Genetik-Lehrbüchern steht eine ganze Menge über die Biochemie von DNA und über die genetische Vererbung durch DNA. Im vorliegenden Band sind Dinge enthalten, die man **AUCH** mit DNA machen kann. Machen KANN, aber nicht unbedingt machen muss. Meist sind diese Dinge ungewöhnlich, manchmal High-Tech, hoffentlich lehrreich und vielleicht sogar amüsant. „Machen" suggeriert bei mir immer auch „selber machen". Jeder kann mit einfachen Haushalts-Chemikalien DNA aus einer Quelle seiner oder ihrer Wahl selbst extrahieren. Auch ist es kinderleicht, beliebige DNA-Schnipsel zu entwerfen und bei einer entsprechenden Firma zur Synthese zu bestellen. Man braucht nur einen Computer dafür und eine Kreditkarte. Dieser Band enthält 11 Kapitel über DNA und ein Kapitel über RNA. Da dieses Kapitel etwas anders ist, zähle ich es „nur" als halbes Kapitel.

Danksagung

Vielen Dank all jenen Kollegen, die mit ihren schrägen Stories aus dem wahren Forschungsalltag diesen Band mit Leben gefüllt haben. Ganz besonderen Dank an meine Korrekturleser Dr. Jenny Frommer, Dr. Julia Ast, Hanna Altwein und Oliver Schmitz. Ohne meine Lektorin Dr. Sarah Koch vom Springer-Verlag wäre dieser Band wohl nicht entstanden.

Einleitung

Nucleinsäuren sind in aller Munde. Beim Abstrich für einen genetischen Test, beispielsweise für einen Corona-Test, wird das sehr, sehr deutlich. Jeder kennt DNA, die Desoxyribo-Nucleinsäure (das A in der Abkürzung kommt vom englischen Wort „Acid" für Säure). DNA durchzieht alle Bereiche der Gesellschaft. Sie ist das Material von Vaterschaftsklagen und von Kriminalfilmen – immer dann, wenn ein Haar auf dem Sofa oder etwas Haut unter einem Fingernagel ausreicht, um eine Person zu identifizieren. DNA steht für Modernität und biologische Spitzentechnologie. Ein deutscher Politiker übertrieb seine Begeisterung für DNA dann aber etwas mit seiner Aussage:

> „Die DNA-Analyse muss zum genetischen Fingerabdruck des 21. Jahrhunderts werden."
>
> **Edmund Stoiber, bayrischer Politiker, zitiert nach Die Welt, 16.01.2005**

DNA enthält die Informationen zum Bau von Proteinen. Diesen riesigen biologischen Wissensspeicher bezeichnen wir gerne auch als das Molekül der Vererbung oder sogar als das **Buch des Lebens.** Zwei zentrale Eigenschaften von DNA machen sie zu so einem tollen Informationsträger – weit besser als RNA oder Proteine. Erstens ist DNA ziemlich stabil wegen mindestens drei bemerkenswerten chemischen Tricks – diese Tricks sind in Abb. 1 dargestellt.

Zum zweiten ist DNA riesig, jedenfalls im Vergleich zu fast allen Biomolekülen, die die DNA umgeben – bestes Beispiel sind hier die zahlreichen Proteine, die direkt an DNA binden oder sich anderswo in der Zelle befinden.

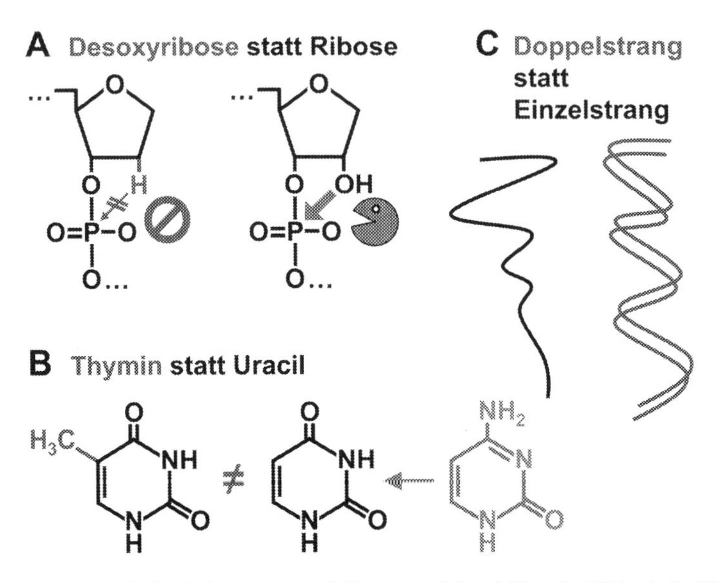

Abb. 1 **Drei chemische Tricks machen DNA sehr viel stabilier als RNA. A.** In DNA ist Desoxy-Ribose als Zucker verbaut. Im Vergleich zu Ribose fehlt die „gefährliche" 2'-OH-Gruppe, durch die sich ein RNA-Strang einfach selbst verdauen kann. **B.** Eine der verwendeten Kernbasen ist anders – Thymin wird statt Uracil verbaut. Dadurch kann die chemische Schwäche einer ganz anderen Base ausgeglichen werden. Immer wieder verliert Cytosin seine Aminogruppe – einfach so – und wird dadurch zu Uracil. DNA-Reparaturenzyme schneiden laufend aus unserem Genom Uracil heraus und fügen Cytosin wieder ein. **C.** DNA tritt fast immer als Doppelstrang auf. Gemeinsam sind wir stark. Im Doppelstrang sind die Kernbasen den Elementen zumindest etwas weniger ausgesetzt als in einem Einzelstrang

Dieser Größenvergleich ist in Abb. 2 illustriert. Eine Aminosäure eines gewöhnlichen Proteins wiegt im Durchschnitt 110 Daltons – das Dalton ist die atomare Masseneinheit für Moleküle. In der DNA ist eine Aminosäure durch drei Basenpaare codiert, jedes davon wiegt etwa 618 Daltons; geteilt durch 110 Daltons ergibt, dass die Bauanleitung für eine Aminosäure etwa 17mal soviel wie die Aminosäure selbst wiegt. Stellen Sie sich diese Größenverhältnisse zwischen Bauanleitung und eigentlichem Bausatz mal vor, wenn Sie das nächste Mal ein Regal bei IKEA kaufen. Diese Größe ist für den Informationsspeicher DNA von Vorteil, da sie eine gewisse mechanische Stabilität mit sich bringt. Glauben Sie mir, auch im Labor verhält sich DNA viel verlässlicher als die Proteine, die sie codiert.

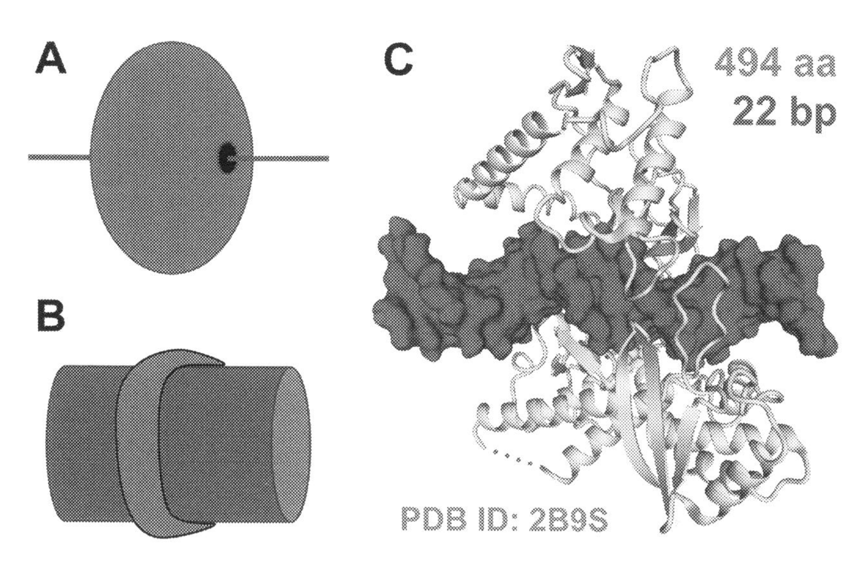

Abb. 2 DNA ist viel größer als die Proteine, für die sie codiert. A. DNA wird in Lehrbüchern oft als dünner Strich dargestellt und DNA-bindende Proteine dann wie dicke Perlen auf einem Faden. **B.** Eher der Realität entspricht, dass DNA ein sehr dickes Kabel ist und Proteine sich wie kleine Klammern oder vielleicht wie etwas Kaugummi an die DNA anschmiegen. **C.** Die Kristallstruktur eines DNA-bindenden Enzyms gemeinsam mit seinem DNA-Substrat verdeutlicht diese Größenverhältnisse. Diese Topoisomerase Typ I besteht aus 494 Aminosäuren und sitzt auf einem 22 Basenpaare langem DNA-Strang. Wer ist hier jetzt groß und wer ist klein? [Struktur: DOI: https://doi.org/10.2210/pdb2B9S/pdb]

Navigation

Hier finden Sie die ersten Vorschläge und Starthilfen:

Zum Faktencheck finden Sie hier das genaue Stoiber-Zitat → https://www.welt.de/politik/article364733/Ausweitung-der-DNA-Analyse-gefordert.html [Zugriffsdatum 30. Mai 2021]

►► Zum Thema Stabilität von DNA empfehle ich das Kapitel zu alter DNA.

Inhaltsverzeichnis

1 Knusprig frische CRISPR-Cas9-DNA-Werkzeuge

Haben Sie auch von diesen neuen Kartoffelchips (engl. *Crisps*) in der Biotechnologie gehört, diesem CRISPR-Cas-Zeugs? So oder so ähnlich könnte eine Frage lauten, die man bei einem Tag der Wissenschaft oder bei ähnlichen Veranstaltungen gestellt bekommt. Um den Wirbel um die **Gen-Schere CRISPR** zu verstehen, fängt dieses Kapitel bei der ersten Gen-Schere an, die überhaupt entdeckt wurde, dem Restriktionsenzym EcoRI, auch Eco-Rrr-Eins genannt. Nunja, damit sind wir bereits relativ tief drinnen in der Molekularbiologie.

Das Restriktionsenzym EcoRI war damals eine Sensation, bald begleitet von BamHI und einer wachsenden Zahl von anderen Restriktionsendonukleasen (Typ II, um genau zu sein), die allesamt ein Palindrom als Erkennungssequenz haben. Ein Palindrom ist ein Wort (oder eine Wortgruppe), das sowohl vorwärts als auch rückwärts gelesen werden kann, so zum Beispiel „Anna Susanna" oder „Der Freibier Fred". GAATTC ist auch so ein **Palindrom,** aber nur, wenn es aus DNA besteht (Abb. 1.1). So ein gespiegeltes Erkennungs-„Wort" aus sechs Kernbasen gibt es in der DNA nicht oft: Für vier Kernbasen an drei Positionen, die dann gespiegelt werden, ergibt das 4^3 oder 64 Palindrom-Codewörter – ziemlich wenige Kandidaten aus 4096 Möglichkeiten für ein Hexamer.

Genau die Seltenheit der Erkennungssequenzen ist es, was sowohl die biologische als auch die molekularbiologische Bedeutung von Restriktionsenzymen ausmacht. Entweder hat sich ein Bakterium so eine Erkennungssequenz komplett im Genom „abgewöhnt" oder aber es verdeckt eigene Erkennungswörter durch geschicktes DNA-Methylieren. Wenn dann fremde DNA, z. B. von einem Bakteriophagen in die Bakterienzelle eindringt, dann wird das Restriktionsenzym zum Beschützer des Bakteriums und schneidet die fremde, potenziell schadhafte DNA kaputt.

Manche ringförmige Kloniervektoren, auch Plasmide genannt, enthalten mehrere solcher Erkennungssequenzen, die jeweils nur ein einziges Mal im Plasmid

J. W. Mueller, *11 ½ ungewöhnliche Fakten über DNA*, essentials,
https://doi.org/10.1007/978-3-658-37770-0_1

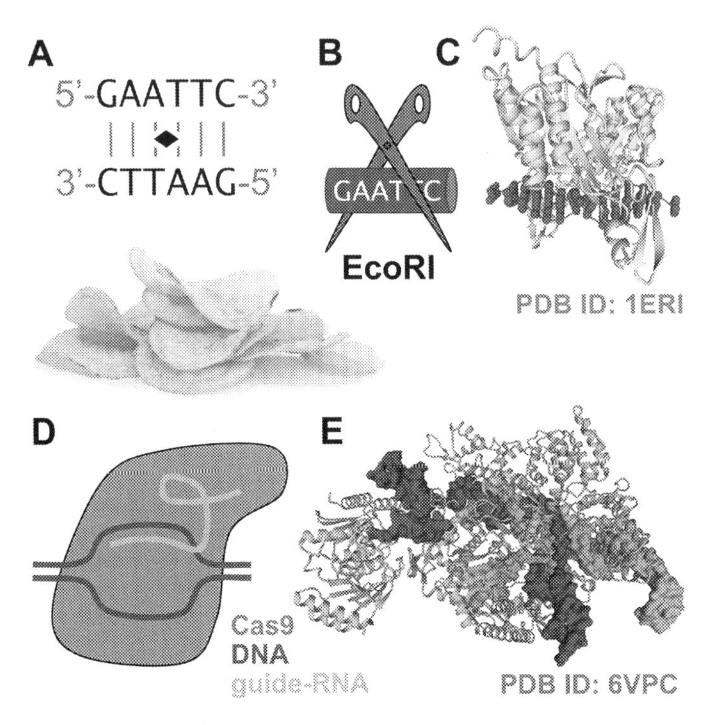

Abb. 1.1 **Eine tolle neue Gen-Schere.** EcoRI ist ein Restriktionsenzym, das als Dimer eine palindromische Erkennungssequenz (**A**) erkennt und schneidet (**B,C**). Das CRISPR-Cas9-Restriktionssystem, das so ein bisschen wie *Crisps* (engl. für Kartoffelchips) klingt, ist eine programmierbare Gen-Schere. Cas9 wird DNA fast an jeder beliebigen Stelle schneiden, wenn das Enzym durch eine guide-RNA dorthin geführt wird (**D,E**). Und diese guide-RNAs kann man sich von Synthese-Firmen machen lassen. [Bildnachweis: Kartoffelchips, © MorePixels, Getty Images iStock 167154879; Strukturen: https://doi.org/10.2210/pdb1ERI/pdb und https://doi.org/10.2210/pdb6VPC/pdb]

vorkommen und damit das maßgeschneiderte Einbringen von fast beliebigen DNA-Fragmenten erlauben. Mit dieser Art der Klonierung konnte man für einige Jahrzehnte ganz gut arbeiten – der PCR und der immer besser werdenden Gen-Synthese sei Dank. Obwohl die Zahl der entdeckten Restriktionsenzymen ständig wuchs, war die Anzahl der möglichen Schnittstellen erstmal theoretisch begrenzt, da es ja Palindrome sein mussten. Dieser kleine „Palindrom-Raum“ war auch nicht besonders gut abgedeckt. Ständig stieg die Zahl von neu klonierten Restriktionsenzymen aus irgendwelchen neu isolierten Bakterienstämmen – meist waren diese neuen Gen-Scheren aber Isoschizomere, also Restriktionsenzyme, die die gleiche Sequenz erkannten wie ein bereits bekanntes Restriktionsendonukleasen. Rumgeschnipsel im Genom von irgendeinem Organismus, sei es Mensch, Maus oder Mohnblume, war zwar beschränkt möglich, immer aber schwierig.

Doch dann passierte es. Aus einer unscheinbaren, kleinen Beobachtung der **Grundlagenforschung** wurde etwas großes, etwas sehr großes. Wieder einmal. Für einige Zeit starrte der spanische Mikrobiologe Francis Mojica auf merkwürdige, sich wiederholende Sequenzen in Bakterien. Bald war bekannt, dass es sich um eine Art bakterielles Immungedächtnis handelte. Bakteriophagen befallen immer wieder Bakterien – Bakteriophagen sind Viren, die sich auf Bakterien spezialisiert haben. Mittels des CRISPR-Systems baut sich ein Bakterium kurze DNA-Schnipsel von früheren Phagen-Plagen ins Genom. Sollte der gleiche Phage sich wieder daher wagen, ist dieses Bakterium zur Verteidigung bereit.

Bei der Aufarbeitung der dazugehörigen Proteinmaschinerie wurde die **Cas9-DNA-Schere** entdeckt, die mit einer guide-RNA programmiert werden kann. Der Wirbel war groß. Auf einmal konnte DNA an fast jeder beliebigen Stelle mit hoher Spezifität geschnitten werden. Die guide-RNAs weisen eine komplementäre Sequenz zur Zielsequenz auf. Ein zweiter Sequenzabschnitt fungiert als molekularer Griff, durch den die Cas9-Schere die gRNA als solche erkennen und festhalten kann. So führen guide-RNAs (deutsch in etwa: „Reiseführer-RNA") das Cas9-Enzym zielsicher zur Zielsequenz. Molekularbiologisch betrachtet, gibt es mittlerweile quasi nix was man nicht mit CRISPR machen kann. Traditionelle Modellorganismen wie die Fruchtfliege oder die Maus sind auf einmal viel schneller genetisch bearbeitbar. Gentechnisch modifizierte Anopheles-Fliegen werden beim Kampf gegen Malaria eingesetzt. Die gesamte Pflanzenzüchtung wurde revolutioniert. Und auch die Wirkstoffforschung und -entwicklung hat CRISPR in ihr Herz geschlossen – erste Medikamente gegen bisher noch nie adressierbare Zielmoleküle sind in der Zulassung. CRISPR-Cas9 hat in atemberaubendem Tempo alle Bereiche der Lebenswissenschaften erobert.

Besonders interessant für die Forschung ist, dass auf einmal Organismen oder Zelllinien genetisch modifiziert werden können, an denen sich Genetiker und Molekularbiologinnen bisher die biotechnologischen „Zähne" ausgebissen hatten. Immer wenn man guide-RNA und Cas9 in eine Zelle einschleusen kann, dann wird auch die entsprechende DNA geschnitten. Tja, in diesem Satz mit dem Wörtchen „wenn" verstecken sich aber gewaltige technische Hürden. Es kann sehr schwierig sein, guide-RNA und Cas9 in bestimmte Zellen zu bringen. Manchmal hapert es auch am darauffolgenden Sortierschritt. Um genetisch möglichst homogene Organismen oder Zellpopulation zu erhalten, sollen bitteschön alle Zellen von genau einer Zelle mit nur ein und demselben genetischen Ereignis abstammen – sie sollen einen Klon darstellen. Und das kann sich als trickreich gestalten bei eher „sozialen" Zelllinien; Zellen also, die einen Vereinzelungsschritt (das eigentliche „Klonen") schlecht oder gar nicht überstehen.

Dessen ungeachtet, jeder oder jede will irgendwas mit CRISPR machen. CRISPR ist ein Riesenerfolg der zunächst zweckfreien Grundlagenforschung. Wohl dokumentiert, waren so einige Gruppen daran beteiligt, CRISPR zu dem zu machen, was es heute ist. Viel von der spannenden Entdeckungsgeschichte scheint mittlerweile vergessen zu sein; jedenfalls hat das Nobelpreis-Komitee lediglich zwei Personen ausgezeichnet – die Wissenschaftlerinnen Emmanuelle Charpentier und Jennifer Doudna.

Navigation

Ein recht ausgewogener Artikel über die Entdeckungsgeschichte der CRISPR-Cas9-Genscheren → Lander, The Heroes of CRISPR. *Cell.* **2016;** 164(1–2): 18–28. PMID: 26771483. https://doi.org/10.1016/j.cell.2015.12.041

Aus der gleichen Zeit ein Perspektiven-Artikel über all die Mitarbeiter im Labor, ohne die Forschung nicht funktioniert → Ledford, The unsung heroes of CRISPR. *Nature.* **2016;** 535(7612): 342–344. PMID: 27443723. https://doi.org/10.1038/535342a

Ein recht aktueller Übersichtsartikel → Golkar, CRISPR: a journey of gene-editing based medicine. *Genes Genomics.* **2020.** PMID: 33094378. https://doi.org/10.1007/s13258-020-01002-x

Ganz schnell, ein Blick nach „Stockholm" → Strzyz, CRISPR-Cas9 wins Nobel. Research Highlights. *Nat Rev Mol Cell Biol.* **2020;** 21(12): 714. PMID: 33051620. https://doi.org/10.1038/s41580-020-00307-9

Die DNA von Adam und Eva

2

Manche Sachen halten scheinbar ewig. In der menschlichen Vererbung haben wir da das väterliche Y-Chromosom und die mütterlichen Mitochondrien. Das sind die beiden genetischen Einheiten, die nach dem genetischen Lehrbuchwissen immer nur väterlich beziehungsweise mütterlich vererbt werden. Wir alle haben unsere Mitochondrien von unserer Mutter; Jungen erben ihr Y-Chromosom zwangsläufig vom Vater. Darum werden diese Gen-Abschnitte oft zur Klärung von Abstammungsfragen analysiert. Zärtlich wird das hypothetische Ursprungs-Mitochondrien-Nucleoid der menschlichen Universalvorfahrin auch **„mitochondriale Eva“** genannt. Analog kann Mann das Ursprungs-Y-Chromosom und seinen Träger auch den **„Ypsilon-Adam“** nennen (Abb. 2.1).

Was ist das winzige **Y-Chromosom** denn überhaupt? Erstmal enthält das Y-Chromosom das *sry*-Gen, das das SRY-Protein codiert. SRY ist der entscheidender Transkriptionsfaktor, der beim Menschen die Entwicklung von männlichen Geschlechtsmerkmalen veranlasst. Dann ist das Y-Chromosom bei Mitose und Meiose Paarungspartner für das X-Chromosom in allen männlichen Zellen. Alle anderen Chromosomen sind doppelt da und ordnen sich dadurch sowieso paarweise an. Ohne das Y-Chromosom könnten sich XY-Zellen nicht ordentlich teilen, denn dann würde das X-Chromosom ins Leere greifen. Schließlich enthält das Y-Chromosom noch ein paar Duzend Gene; ein paar davon codieren für Proteine, die anderen für regulatorische RNA-Moleküle.

Das Y-Chromosom ist ein Abschnitt in unserem Genom, der sich außerordentlich schnell verändert. Während wir sonst molekular dem Schimpansen ziemlich ähnlich sehen, ist beim Y-Chromosom schnell Schluss mit der Ähnlichkeit. Die hohe Mutationsrate des Y-Chromosoms kann man zum Teil damit erklären, dass dieses Chromosom nie paarig vorliegt. Keine Chance also zum Reparieren durch homologe Rekombination. Klingt gefährlich, oder? Ist es auch. Zum einen werden allerlei Krankheiten, die nur Männer betreffen, mit Mutationen

J. W. Mueller, *11 ½ ungewöhnliche Fakten über DNA*, essentials,
https://doi.org/10.1007/978-3-658-37770-0_2

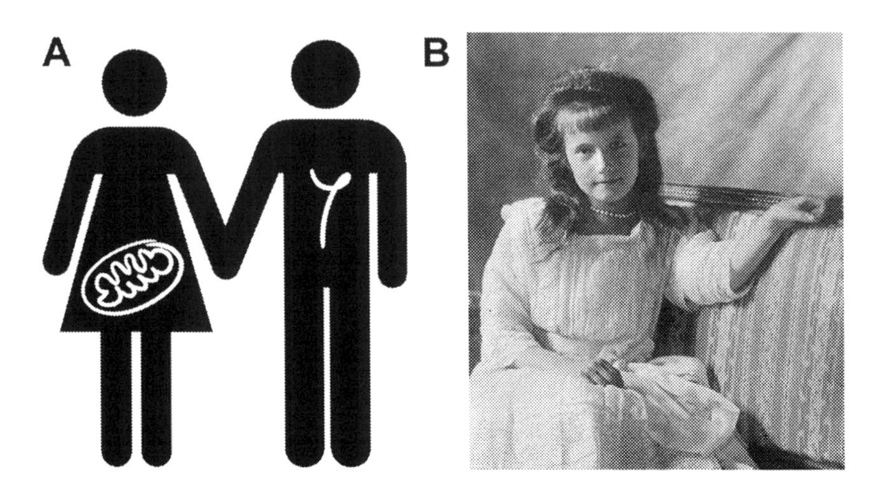

Abb. 2.1 Mitochondrien-Eva und Ypsilon-Adam. Mitochondrien werden fast ausschließlich mütterlich vererbt. Das Y-Chromosom wird zwangsläufig väterlich vererbt. Neben der schematischen Darstellung von Adam und Eva ist die russische Prinzessin Anastasia Nikolajewna Romanowa abgebildet, die Tochter des letzten russischen Zaren Nikolaus II. Anastasias mitochondriale DNA war in einem Erbschaftsstreit von Bedeutung. [Bildnachweis: Anastasia, Library of Congress, USA. Digitale Identifikationsnummer ggbain.05700. Prädikat „No known restrictions"]

auf dem Y-Chromosom in Verbindung gebracht. Zum anderen prognostizieren manche Wissenschaftler aufgrund der sich anhäufenden Mutationen auf dem Y-Chromosom das Ende eben jenes Chromosoms und damit einhergehend das Ende der Menschheit in ein paar Tausend Jahren.

Aber zurück zur **mitochondrialen DNA.** Wir alle erben die Mitochondrien von unseren Müttern. Muss das wirklich immer so sein? Immerhin sind bei der Befruchtung der Eizelle auch ziemlich viele väterliche Mitochondrien zugegen – der mittlere Teil eines Spermiums ist eng gepackt mit ihnen, um die Energie für die Bewegung des Flagellums bereit zu stellen. Eigentlich sollte nur der Kopf des Spermiums in die Eizelle eindringen. Die mit Mitochondrien vollgestopften Hälse der Spermien bleiben bei der Befruchtung meist draußen vor. Aber selbst wenn der ganze Hals mitsamt allen seinen Mitochondrien in die riesige Eizelle gelangen würde, wären die paar väterlichen Mitochondrien ziemlich allein auf weiter Flur – mit etwa eins zu eintausend wären sie hier eindeutig in der Minderheit. Für den Mensch ergibt sich normalerweise 100 % mütterliche Vererbung der Mitochondrien.

Und genau hier kommt die große Überraschung. Es gibt sie doch! Es gibt Familien, in denen auch die **väterliche mitochondriale DNA** vererbt wird. Ja, diese Fälle sind exotisch – die fast ausschließliche mütterliche Vererbung der mitochondrialen DNA bleibt die Norm. Die Aufarbeitung dieser Fälle zeigt aber klar, dass es wohl noch unbekannte Mechanismen in der Eizelle gibt, die aktiv gegen väterliche Mitochondrien selektieren. Diese werden mit kleinen Ubiquitin-Post-Its markiert und dann aktiv abgebaut. Mechanismen, die wir noch nicht genau verstehen. Ein weites Feld für neue Forschungsansätze, bei denen sich sicherlich auch neue Therapiemöglichkeiten für mitochondriale Erkrankungen eröffnen werden.

Die genetische Drift, also zufällige Mutationen, die aber nicht so schlimm sind, dass sie aussortiert werden, verändert sowohl die DNA der Mitochondrien als auch das Y-Chromosom mit der Zeit. Somit eignen sich deren Sequenzen hervorragend zum Erstellen von **Stammbäumen.** Anastasia sei hier erwähnt, die vierte Tochter des letzten russischen Zaren Nikolaus II. Großfürstin Anastasia Nikolajewna Romanowa von Russland galt lange verschollen oder gar ermordet, bis sie endlich wieder auftauchte – Disney „berichtete“ darüber in einem Zeichentrickfilm. Die Analyse der mitochondrialen DNA der angeblichen Thronerbin ergab dann aber eben doch keine Übereinstimmung mit der Zarenfamilie. Pech gehabt.

Klartext: Zwei Teile des menschlichen Genoms werden nach besonderen genetischen Regeln vererbt. Unser mitochondriales Genom stammt normalerweise exklusiv von unserer Mutter. Das Y-Chromosom wird ausschließlich vom Vater vererbt. Diese DNA-Abschnitte werden häufig bei der Klärung von Abstammungsfragen verwendet.

Navigation

Männer, Gesundheit und ihr Y-Chromosom. Alles, was Sie schon immer wissen wollten → Maan et al., The Y chromosome: a blueprint for men's health? *Eur J Hum Genet.* **2017;** 25(11): 1181–1188. PMID: 28853720. https://doi.org/10.1038/ejhg.2017.128

Eine aktuelle Studie nimmt das Y-Chromosom mehrerer großer Menschenaffen einschließlich des Menschen unter die Lupe → Cechova et al., Dynamic evolution of great ape Y chromosomes. *Proc Natl Acad Sci USA.* **2020;** 117(42): 26.273–80. PMID: 33020265. https://doi.org/10.1073/pnas.2001749117

Jennifer Graves ist die Expertin schlechthin, wenn's um Sex-Chromosomen geht. Hier äußert sie sich zu Sex-Chromosomen von „komischen“ Gestalten. Dabei meint sie nicht einmal Männer, sondern eher Kängurus und Schnabeltiere → Graves,

Weird Animals, Sex, and Genome Evolution. *Annu Rev Anim Biosci.* **2018;** 6:1–22. PMID: 29215911. https://doi.org/10.1146/annurev-animal-030117-014813

Ein News & Views-Artikel zu drei aktuellen genetischen Fällen von mitochondrialer Vererbung von väterlicher Seite → Vissing, Paternal comeback in mitochondrial DNA inheritance. *Proc Natl Acad Sci USA.* **2019;** 116(5): 1475–1476. PMID: 30635426. https://doi.org/10.1073/pnas.1821192116

… und dann noch ein genetisches Paper zur Suche nach der Zaren-Tochter → Rogaev et al., Genomic identification in the historical case of the Nicholas II royal family. *Proc Natl Acad Sci USA.* **2009;** 106(13): 5258–63. PMID: 19251637. https://doi.org/10.1073/pnas.0811190106

►► Wir kommen noch einmal auf den Stammbaum mütterlicher mitochondrialer DNA zu sprechen, wenn wir den Fund des Skeletts des englischen Königs Richards III. im nächsten Kapitel beleuchten.

Archäologie mittels antiker DNA

3

Wenn man wirklich irgendwann einmal die Knochen von Adam und Eva finden würde, warum nicht gleich ihr gesamtes Genom sequenzieren? Da DNA ziemlich stabil ist, müsste sie ja auch aus alten Knochen extrahierbar sein. Genau das ist mit vielen alten Knochen in den letzten Jahren gemacht worden. Dabei ist ein Spezialgebiet der DNA-Analyse entstanden – die Sequenzierung von antiker DNA *(ancient DNA)*. Ein erster Erfolg dieser Wissenschaftsdisziplin war die Identifizierung eines Polymorphismus im Melanocortin-Rezeptor Typ 1 des Mammuts. Manche Tiere in Mammut-Herden waren nicht dunkel-rothaarig, sondern blond!

So jung, wie das Thema **alte DNA** erscheinen mag, ist es gar nicht. Bereits in den 1990ern haben sich Wissenschaftler, sowie mehrere Spielfilme mit dem Thema alte DNA ausführlich befasst. Diese Filme haben allerdings das größtmögliche Alter von Knochen für die Analyse von antiker DNA etwas großzügig interpretiert. Wenn alte DNA noch älter wird, zerfällt sie zwangsläufig in immer kleinere Stückchen. Somit sollten wir DNA-Sequenzen, die älter als 500.000, maximal aber eine Million Jahre sind, mit nicht zu großen Erwartungen begegnen. Nur als Vergleich, bei Dinosauriern würden wir von 65 Mio. Jahren und mehr reden – eine Zeitspanne, in der selbst in Bernstein eingeschlossene DNA in nutzlose Schnipsel zerfallen sein sollte (Abb. 3.1).

Durch die Analyse von *ancient* DNA gab es in neuester Zeit so einige spektakuläre Forschungsergebnisse. So schauen wir aus einem neuen Blickwinkel auf die **Domestizierung unserer liebsten Haustiere,** die nun zeitlich nachverfolgt werden konnte. Jetzt müssen meine lieben Katzenfreunde ganz tapfer sein: Unser erstes Haustier scheint doch der Hund zu sein, da er uns bereits seit etwa 30'000 Jahren begleitet – als nach und nach domestizierter Wolf.

Das interessanteste Raubtier, das wir durch alte DNA untersuchen können, ist wohl die Spezies *Homo sapiens* selbst. So konnten frühzeitige **Wanderungsbewegungen des Menschen** rekonstruiert werden. Aufgebrochen in Afrika, trafen

J. W. Mueller, *11 ½ ungewöhnliche Fakten über DNA,* essentials,
https://doi.org/10.1007/978-3-658-37770-0_3

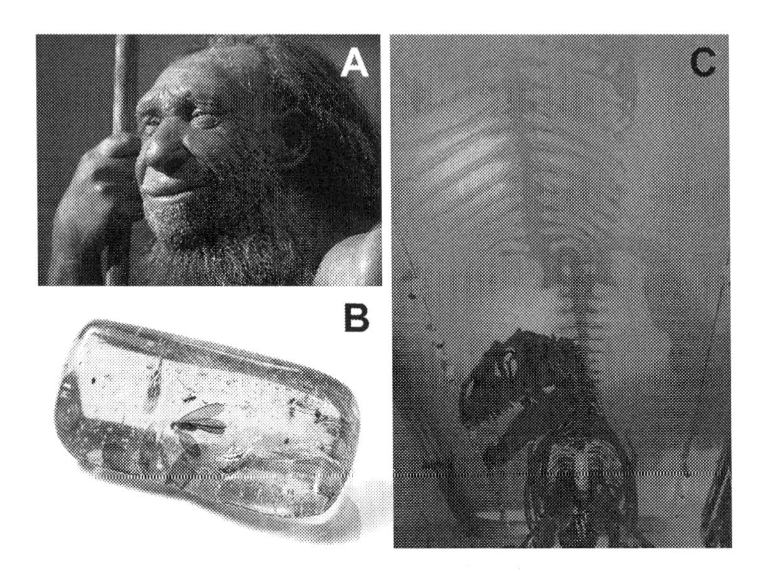

Abb. 3.1 **Alte DNA kann aus verschiedensten Materialen analysiert werden.** (**A**) eine Rekonstruktion der Gesichtszüge des Neandertalers. (**B**) DNA hält sich unter guten Bedingungen maximal 500'000 Jahre; bei 1 Million Jahren ist dann aber wirklich Schluss. Da hilft auch kein Einschluss in Bernstein. (**C**) eine Replika des Skelets eines fleischfressenden Allosaurus-Dinosaurier aus dem Lapworth-Museum in Birmingham, spektakulär angeleuchtet bei einer Langen Museumsnacht. Der Allosaurus trägt den Spitznamen Rowry. [Bildnachweis: Neandertaler, © Federico Gambarini, dpa/picture alliance, 13673636; Bernstein mit Insekteneinschluss, © Minakryn Ruslan, stock.adobe.com, 261490434; Allosaurus Rowry, JWM, 2020]

unsere direkten Vorfahren bei ihrem „Siegeszug" über den Planeten immer wieder auf andere Menschenartige, sei es der Neandertaler, der Denisova-Mensch aus Tibet oder irgendein anderer mit uns entfernt verwandter Hominide. Moderne Genom-Sequenziermethoden haben nun gezeigt, dass beim knallharten Verdrängungskampf nicht nur Zähne gezeigt wurden. Immer wieder haben diese anderen Erdenbewohner auch Spuren in unserem Genom hinterlassen. Ja, hier muss die Genetikerin oder der Molekularbiologie zweimal überlegen, wie das denn passieren konnte. Mehr oder weniger Neandertaler steckt jedenfalls in jedem von uns. Manchmal ist diese genetische Komponente sogar sichtbar, zum Beispiel an einem Samstag-Abend, wenn man durch die Düsseldorfer Innenstadt läuft. Nur zur Erinnerung, die liegt ganz in der Nähe vom Neandertal.

Für die Untersuchung von antiker DNA ist es immer eine Herausforderung, an geeignetes **Analysematerial** zu kommen. Der Lottogewinn in dieser Hinsicht wäre „weiches" biologisches Material (also alles außer Knochen und Zähne), das erstmal schockgefroren und dann langfristig bei niedrigen Temperaturen gelagert wurde. Im sibirischen Permafrostboden sind solche Proben von Mammuts, aber auch von Menschen gefunden worden. Ötzi verdient hier ebenfalls eine Erwähnung: Ötzi ist eine etwa 5000 Jahre alte „gefriergetrocknete" Leiche aus Südtirol und damit fast perfektes Ausgangsmaterial für weitere DNA-Analysen. Die schmelzenden Gletscher in Grönland und der Antarktis könnten ähnliche Sensationsfunde menschlicher oder tierischer Art beherbergen. Knochen oder Zähne enthalten meist erstaunlich gut erhaltene DNA; sie sind auch leichter zu beschaffen, allerdings gestaltet sich deren Analyse wegen der Härte des Materials oft etwas anspruchsvoller. Menschen und Menschenartige mittels alter DNA zu untersuchen, ist meist dankbar, da die jüngere Vergangenheit des Menschen erst ein paar tausend oder zehntausend Jahre zurück liegt. Wir sprachen bereits über den Faktor Zeit bei diesen Untersuchungen.

Bei der Probenaufbereitung gilt es, das Kontaminationsrisiko durch DNA des Experimentators möglichst auf null zu reduzieren. Wie schnell fällt eine Hautschuppe oder ein Haar in ein Reaktionsgefäß. Wenn ich gerade einen absolut revolutionären Fund eines sehr frühen Hominiden analysiert habe (ein rein hypothetischer Fall), dann könnte so eine Kontamination dazu führen, dass ich am Ende meine eigene DNA analysiere. Wenn mir die kleine Verunreinigung nicht auffällt, dann behaupte ich am Ende wohl noch, dass der Ursprung der Menschheit genau da liegt, wo ich geboren bin, nämlich zwischen Hannover und Magdeburg. Ähnliche Patzer sind durchaus schon passiert.

Immer und jederzeit könnten Proben kontaminiert werden. Da sich antike menschliche DNA *(ancient DNA)* nur in wenigen Basenpaaren von unserer heutigen DNA unterscheidet, ist eine „Verunreinigung" eben nicht immer so leicht als solche identifizierbar. Deshalb macht man viele Kontrollen und arbeitet sehr sauber. Wenn man dieses Risiko einmal in den Griff bekommen hat, kann man quasi aus jedem, aber auch wirklich jedem „Rest" der früheren menschlichen Zivilisation etwas herauslesen. Dabei sind Knochen, Zähne, Küchenreste und Amphoren noch eher appetitlich. Aber auch der Inhalt von Gedärm, Exkremente und Abfallgruben wurden bereits untersucht.

Ein tolles Anwendungsbeispiel für die Analyse von alter DNA ist die Geschichte vom englischen König Richard III. Im Jahre 1485 war der unbeliebte Monarch auf dem Schlachtfeld gefallen und dann wenig festlich im kleinen Städtchen Leicester bestattet worden. 2012 fand man seine leiblichen Überreste bei gezielten Grabungen auf einem Parkplatz, wo ehemals ein Kloster stand. Ironischerweise war nur wenige Jahre vorher direkt oberhalb seines Grabes ein reservierter Parkplatz mit einem großen R markiert worden. Wichtig war es, die Echtheit des Gerippes zweifelsfrei festzustellen. Und das ging nur mithilfe der Analyse von alter DNA. Wissenschaftler aus Leicester und York sequenzierten Richards mitochondriale DNA und verglichen sie mit der mito-DNA einer direkten Nachfolgerin. Der Beweis war erbracht.

Nur nebenbei: Das gefundene Skelett erzählte vieles: Ja, Richard hatte wohl bei vielen Schlachten teilgenommen, da so einige verheilte Verletzungen zu erkennen waren. Nein, Richard hatte keinen Buckel, seine Skoliose oder Wirbelsäulenverkrümmung war wohl gerade noch in dem Bereich, in dem man sie mit einem weiten mittelalterlichen Gewand oder einer gut angepassten Rüstung kaschieren konnte. Es könnte also sein, dass er nicht ganz das fiese Monster war, als das Shakespeare ihn in seinem Stück Richard III beschreibt. Jenes Stück, in dem er in seiner letzten Schlacht ohne Schlachtross dasteht und die berühmten Worte sagt: „Ein Pferd, ein Pferd, mein Königreich für ein Pferd“.

Navigation

Ein absoluter Klassiker unter den Phosphorylierungs- und Sulfatierungs-Veröffentlichungen, der sich auch mit der langen Haltbarkeit von DNA beschäftigt, ist dieses hier → Westheimer, Why nature chose phosphates. *Science.* **1987;** 235(4793): 1173–1178. PMID: 2434996. https://doi.org/10.1126/science.2434996

Ein schöner Rückblick von einem der Urväter der Analyse von Antiker DNA → Krause & Pääbo, Genetic Time Travel. Commentary, *Genetics.* **2016;** 203(1): 9–12. PMID: 27183562. https://doi.org/10.1534/genetics.116.187856

Ein Vorgeschmack auf die etwas reichhaltigere Literatur zum Techtelmechtel zwischen modernem Menschen und Neandertaler → Willson, There and back again – ancient genes reveal early migrations. Commentary. *Nat Rev Genet.* **2020;** 21(4):205. PMID: 32099103. https://doi.org/10.1038/s41576-020-0222-3

Wie die Überreste vom englischen König Richard III wiedergefunden und mit Hilfe der Analyse von alter DNA eindeutig identifiziert wurden → Friedlaender & Friedlaender, Art in Science: King Richard III-Revisited, *Clin Orthop Relat Res.* **2018;** 476(8): 1581–1584. PMID: 30020147; https://doi.org/10.1097/CORR.000 0000000000398; darin zitiert: King et al., Identification of the remains of King Richard III. *Nat Commun.* **2014;** 5:5631. PMID: 25463651. https://doi.org/10.1038/ ncomms6631

◀◀ Wer mag, kann zur DNA-Analyse noch einmal etwas über die mitochondriale Eva lesen.

4 DNA-Origami – DNA als faltbares Baumaterial

DNA ist toll. Aber das wissen wir ja bereits. Sie ist größer als fast alle Makromoleküle um sie herum. Auch das wissen wir spätestens seit der Einleitung zu diesem essential. Die Robustheit der DNA und ihre einfachen Regeln der Basenpaarung haben zur Entwicklung des DNA-Origami geführt. Damit ist eigentlich nicht die Faltung von DNA-Modellen aus Papiervorlagen gemeint (Abb. 4.1), auch wenn das bereits erstaunlich kompliziert ist. DNA-Origami wird eher mit dem Erzeugen von Strukturen im Nanometer-Bereich in Verbindung gebracht. Die Machbarkeit von DNA-Origami wurde erstmalig 2006 gezeigt, damals definitiv noch in der Liebhaber-Ecke verortet – reine Grundlagenforschung. Vielleicht gerade einmal brauchbar als Schmuckstück im Sinne von Science-Art vielleicht. Über DNA als Schmuck reden wir aber erst in einem späteren Kapitel.

Das Feld rund um DNA-Origami hat sich rasant entwickelt. Mittlerweile ist DNA-Origami weit mehr als eine Spielerei: es ist zu einer wichtigen Methode der pharmakologischen Grundlagenforschung geworden – Stichwort: **Drug Delivery**. Nennenswert erscheinen hier DNA-Nanokapseln aus DNA-Origami, die aussehen wie das Capsid eines Bakteriophagen. In diesen winzigen Kapseln können Wirkstoffe verpackt werden. Wenn in den DNA-Kapseln auch lichtempfindliche Bauteile verbaut werden, dann kann man diese kleinen Kapseln sogar mittels Lichtblitz gezielt an Ort und Stelle öffnen und die enthaltenen Wirkstoffe freisetzen. DHEA zum Beispiel ist ein schwaches Androgen, aber gleichzeitig auch ein Vorläufer von Testosteron. Versteckt in Nanokapseln konnte DHEA gezielt in bestimmten Zellen freigesetzt werden, um seine direkte Wirkung zu bestimmen. Lichtgesteuerte DNA-Nanokapseln könnten somit helfen, die genaue Funktion von Biosynthese-Zwischenstufen oder Stoffwechsel-Intermediaten zu untersuchen. Steht uns eine rosige Zukunft ultrapräziser pharmakologischer und endokrinologischer Forschung bevor?

J. W. Mueller, *11 ½ ungewöhnliche Fakten über DNA*, essentials,
https://doi.org/10.1007/978-3-658-37770-0_4

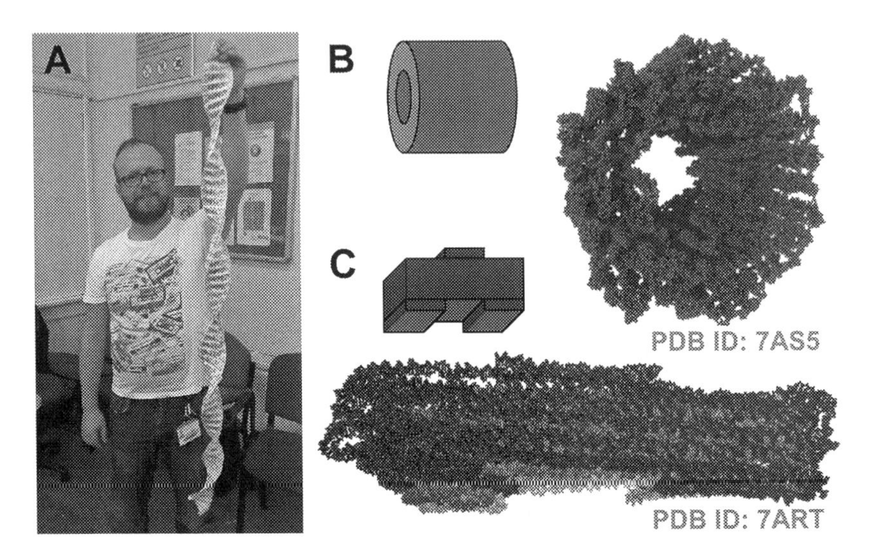

Abb. 4.1 DNA-Origami ist ein high-tech Nano-Material. Hier ist der Autor mit einer einen Meter langen DNA aus Papier zu sehen (**A**). Im Rahmen einer Schnuppervorlesung hatten Abiturienten dieses Molekül gefaltet. Das ist gar nicht so leicht wie es aussieht, ist aber kein DNA-Origami. Aus echtem DNA-Origami sind diese molekulare Strukturen (**B,C**) gemacht, ein Nano-Röhrchen und ein Nano-Bauklotz. [Bildnachweis: Foto, JWM, 2016; Strukturen https://doi.org/10.2210/pdb7AS5/pdb und https://doi.org/10.2210/pdb7AR T/pdb]

Toll an DNA-Origami ist, das es sich so reproduzierbar faltet. Wenn ich also heute meinem Kollegen in Südafrika, in Texas oder sonst wo eine Bauanleitung schicke, so entstehen dort genau die gleichen Bausteine im Labor wie bei mir im englischen Birmingham. Dass immer dasselbe entsteht, wurde mittels 3D-Strukturaufklärung der DNA-Origami-Bausteine bestätigt. Ein paar schöne Strukturen zeigen eindrucksvoll, dass die DNA das tut, was sie soll – etwas, das man von Proteinen im Labor leider nicht so oft behaupten kann. Die beiden Strukturen in Abb. 4.1 sind ein Röhrchen und ein Baustein aus DNA. Da dieser kleine Klotz zueinander passende Muster an Ober- und Unterseite hat, kann sich daraus ein noch größerer Komplex bilden. Die Vielfalt der Strukturen, die durch DNA-Origami gebildet werden können, ähnelt derer, die man mit Lego bauen kann. Leser und Leserinnen, die mit Lego aufgewachsen sind, werden mir zustimmen: Man kann alles aus Lego bauen.

Kinderspiel: Ich selbst habe mit dem Bastelbogen für ein DNA-Modell angefangen, den ich von der PDB-Internetseite herunter geladen habe. Eher spielerisch waren die Anfänge des echten DNA-Origamis. Mittlerweile stellt DNA-Origami eine neue Klasse an Nano-Baustoffen dar. Bauteile, Module, Kapseln oder ganze Nano-Maschinen aus DNA-Origami sind heute wichtige Werkzeuge der aktuellen Forschung und Entwicklung.

Faktencheck

Oben erwähnter Bastelbogen → Goodsell, Molecule of the Month: DNA. *PDB* **2001.** https://doi.org/10.2210/rcsb_pdb/mom_2001_11

Der Beginn eines neuen Forschungsfeldes – DNA-Origami → Smith. Nanostructures: the manifold faces of DNA. *Nature.* **2006;** 440(7082): 283–284. PubMed PMID: 16541053. https://doi.org/10.1038/440283a

Mit der Elektronenmikroskop-Kanone auf DNA-Origami-Spatzen schießen – hochauflösende Strukturen von DNA-Bausteinen → Kube et al., Revealing the structures of megadalton-scale DNA complexes with nucleotide resolution. *Nat Commun.* **2020;** 11(1):6229. PMID: 33277481. https://doi.org/10.1038/s41467-020-20020-7

Eine kleine Kapsel wird aus DNA-Origami gebastelt, versehen mit einer mit einem Lichtstrahl spaltbaren Tür. Da drin wird das Steroid-Hormon DHEA versteckt. In Zellen geschieht dann die gezielte Freisetzung → Niemeyer. DNA nanotechnology: On-command molecular Trojans. *Nat Nanotechnol.* **2017;** 12(12): 1117–1119. PubMed PMID: 29209004. https://doi.org/10.1038/nnano.2017.222

5 Wasserzeichen in der DNA – DNA als Speichermedium – Teil I

DNA ist das Buch des Lebens, die Bauanleitung für die Zusammensetzung sämtlicher Proteine eines ganzen Lebewesens und mehr. Immer drei Kernbasen codieren für eine Aminosäure und die Abfolge von aneinander gereihten Aminosäuren ergibt meist ein funktionsfähiges Protein im Körper. Proteine können aber auch außerhalb vom menschlichen Körper sehr praktisch sein, zum Beispiel als Biokatalysatoren in der synthetischen Chemie, als Waschmittel-Zusätze oder auch als hoch wirksame Medizin, zum Beispiel als Protein-Botenstoff wie Insulin oder als monoklonaler Antikörper.

Viel Arbeit, viel Zeit und viel Wissen steckt so eine akademische Arbeitsgruppe oder Firma in die Entwicklung des perfekten Proteins. Es wird molekulare Evolution betrieben – sowohl am Computer als auch im Labor. Da werden Strukturen von Proteinvarianten aufgeklärt und man designt, plant und optimiert. So ein aufwendig entwickeltes Protein stellt einen materiellen Wert dar. Es gilt also, die DNA-Bauanleitung, die das Meisterwerk codiert, dauerhaft zu markieren – wir sind bei **Wasserzeichen** in der DNA angekommen. Wenn irgendjemand anderes dieses Plasmid verwendet, soll das nachvollziehbar sein. Nur dann sind Patente in diesem Feld, also Schutzrechte von Erfindungen, juristisch durchsetzbar. Was sonst noch als Wasserzeichen gespeichert werden soll, ist vielfältig. Dies können Informationen über den Hersteller oder Rechte-Inhaber sein. Es können die Namen von Firmen oder Produkten oder auch Chargennummern eingebettet werden, Angaben zum Herstellungsdatum oder zu Warnhinweisen. Bei der Freisetzung eines genetisch veränderten Organismus (GVOs) könnte man auch an einer eindeutigen Kennzeichnung zur Nachverfolgung des GVOs interessiert sein. Alle diese Informationen könnten in einem Wasserzeichen enthalten sein.

Es geht also darum, ob man in DNA, die bereits eine Bauanleitung enthält, noch eine weitere Nachricht verstecken kann – ob man also in codierender DNA ein Wasserzeichen einbauen kann. Ja, es gibt im Protein-Alphabet eine Stelle,

J. W. Mueller, *11 ½ ungewöhnliche Fakten über DNA*, essentials,
https://doi.org/10.1007/978-3-658-37770-0_5

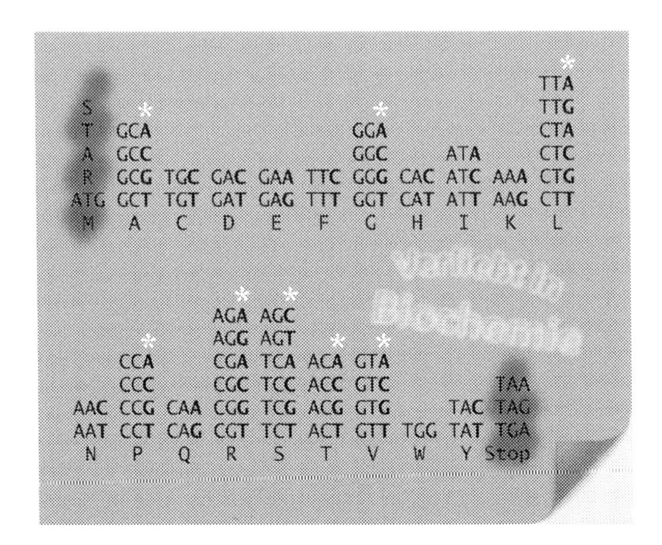

Abb. 5.1 Wasserzeichen in DNA. Wir kennen Wasserzeichen hauptsächlich von Geldscheinen oder schickem Briefpapier. Aber auch in DNA können Wasserzeichen gezielt eingebracht werden. Manche Aminosäuren werden von 4 oder 6 Codon-Wörtern repräsentiert – in der Abbildung sind sie mit kleinen Sternchen markiert. Die Verwendung dieser Synonyme ist unterschiedlich in verschiedenen Spezies – vielleicht mit Dialekten vergleichbar. Immer wenn eine dieser Aminosäuren vorkommt, kann eine Eins-Null-Information versteckt werden. Finden Sie das Wasserzeichen weiter unten im Haupttext? [Abbildungsnachweis: JWM, 2022]

die Nachrichten aufnehmen kann und das ist die Wobbel-Base. Im genetischen Code sind einige Aminosäuren nicht nur von einem bis drei, sondern gleich von vier oder gar sechs Drei-Basen-Wörtern oder Codons codiert (Abb. 5.1). Nicht für alle vorkommenden Codons gibt es in der jeweiligen Zelle aber ausreichend viele passende tRNAs, die die Codons in Aminosäuren übersetzen. Ein gewisser Teil dieses Missverhältnis wird durch eine gewisse Flexibilität des Ribosoms an der dritten Position im Triplett ausgeglichen – an dieser Wobbel-Position (engl. *„to wobble"* – in etwa „wackeln" oder auch „rumeiern") werden Basenfehlpaarungen toleriert, die sonst nicht geduldet werden würden.

An der Wobbelposition ist schon jetzt zusätzliche biologische Information versteckt, da nämlich der Codon-Gebrauch in verschiedenen Spezies sehr unterschiedlich sein kann. Um eine bestimmte Aminosäure zu codieren, verwenden wir Menschen zum Beispiel bevorzugt das eine Codon, das Bakterium *Escherichia coli* aber viel häufiger ein anderes. Diese Codon-Bevorzugung kann man mit Dialekten vergleichen – in Österreich kennt man das Wort „Treppe" zwar, dort geht es aber die „Stiege" hinauf – verschiedene Wörter werden synonym für die gleiche Sache verwendet. Der exakte Codon-Gebrauch ist mittlerweile von allen Genom-sequenzierten Organismen bekannt (und deren Anzahl steigt ständig). So eine Tabelle über den Codon-Gebrauch kann nun dazu verwendet werden, zusätzliche Information im binären Eins-Null-Format zu verstecken. So könnte das häufigste und das dritthäufigste Codon eine Eins, das zweit- und vierthäufigste eine Null bedeuten – ein robuster und recht unauffälliger Code. Ein einfaches Beispiel für einen unauffälligen Code ist ***vie***lleicht das Platzie***r***en von harm***l***os anders format***ie***rten ***B***uchs***t***aben ***i***m Text. Dabei wird der I***n***halt der Hauptnachricht schein***b***ar n***i***cht verändert. Der neue C***o***de oder das Wasserzei***che***n sind ***mi***t d***e***m bloßen Auge erstmal nicht sichtbar.

Wie genau die eine oder andere Information eingebettet wird – also wie Text, Zahlenreihen oder auch Bilder in binäre DNA-Wasserzeichen umgesetzt werden – ist Sache der Bioinformatik. Informationen können direkt oder in verschlüsselter Form eingebettet werden. Außerdem können die entsprechenden Codes einfach ausgelegt sein oder gar mit Fehlerkorrekturcodes versehen werden. Dabei sorgt zusätzliche Redundanz – also das Verschlüsseln einer einzelnen Eins-Null-Information mit mehr als nur einer Position im Code – dafür, dass der Code auch noch lesbar ist, wenn sich die eine oder andere zufällige Mutation eingeschlichen hat.

Klartext: Auch wenn Biotechnologie in Deutschland mal ein schlechtes Image hatte, werden wir die großen Herausforderungen der nächsten Jahrzehnte – eine ständig weiter wachsende, aber nicht immer friedliche Weltbevölkerung während einer sich anbahnenden Klima-Katastrophe sicher mit Wasser und Lebensmitteln zu versorgen und im Hinblick von weiteren Zoonosen und Pandemien irgendwie gesund zu erhalten – nur mit Biotechnologie meistern können. Jedes optimierte Gen, jeder maßgeschneiderter Bakterienstamm oder höhere Organismus könnte genau solche Wasserzeichen enthalten, die in diesem Kapitel beschrieben wurden.

Literatur zum Weiterlesen und zum Faktencheck

►► Kap. 7 beschäftigt sich mit etwas ähnlichem. Wieviel Daten kann man in DNA speichern, wenn man sie von ihrer Protein-codierenden Funktion entbindet? Kleiner Tipp: Viele!

Eine schöne Einleitung zum Thema – geschrieben von Leuten, die synthetische Gene herstellen und verkaufen → Liss & Wagner, Wasserzeichen in synthetischen Genen. *BIOspektrum.* **2016;** 22:151–153. https://doi.org/10.1007/s12268-016-0670-7

Eine sehr frühe und wichtige Publikation zum Thema → Heider und Barnekow. DNA-based watermarks using the DNA-Crypt algorithm. *BMC Bioinformatics.* **2007;** 8:176. PMID: 17535434. https://doi.org/10.1186/1471-2105-8-176

6 DNA als Elektrokabel

DNA kann elektrischen Strom leiten. Klingt komisch, ist aber so. Überlegen Sie mal: Im DNA-Strang sind die Kernbasen senkrecht zur Längsrichtung, aber parallel zueinander angeordnet (Abb. 6.1). Somit sind all die π-Orbitale der aromatischen Kernbasen entlang der Längsrichtung ausgerichtet. Durch Basen-Stapelung überlappen diese π-Orbitale auch noch ein wenig. DNA ist also ungefähr so etwas wie ein sehr dünner Stab aus Graphit, nur eben mit einer Beimischung von Stickstoff. Das ist ein großer Unterschied, denn Stickstoff macht das DNA-Elektrokabel elektronenreich und dadurch deutlich besser leitend als Graphit es in seiner Längsrichtung ist.

Seit einigen Jahren macht die Arbeitsgruppe von Jacqui Barton (USA) Schlagzeilen – einzig dadurch, dass sie die seit einiger Zeit bekannte Stromleitung von DNA in einen biologischen Kontext einbindet. Als ob DNA eine Art Elektrozaun ist, so erspüren DNA-Reparaturenzyme mit ihrem Eisen-Schwefel-Cluster [4Fe4S], einem gängigen Kofaktor von Enzymen, Einzelstrangbrüche oder andere DNA-Schäden durch einen Spannungsunterschied. Abgefahren. Der Trick dabei ist, dass der Eisen-Schwefel-Cluster „schaltbar" ist – in seiner 3^+ Oxidationsstufe kann er etwa 500 Mal besser an die DNA binden als bei 2^+. Ein DNA-Reparaturenzym mit reduziertem $[4Fe4S]^{2+}$ Cluster kann also mit niedriger Binde-Affinität über die DNA gleiten oder gar „schweben". Wenn dieses Enzym aber mittels Ladungstransfer durch die DNA in den $[4Fe4S]^{3+}$ Modus geschaltet wird, dann packt es zu und schaut sich die DNA darunter mal genauer an. So könnten DNA-Schädigungen aus einem gewissen Abstand aufgespürt werden. Auch könnten sich DNA-Reparatur-Enzyme auf Distanz miteinander verständigen – eines, das bereits an der Schadstelle ist, könnte via DNA-Stromstoß um Hilfe rufen.

Auch heutzutage sind Befunde zum Ladungstransfer durch DNA noch lange nicht Lehrbuchmeinung. Hier wird deutlich, dass Wissenschaft ein bisschen

J. W. Mueller, *11 ½ ungewöhnliche Fakten über DNA*, essentials,
https://doi.org/10.1007/978-3-658-37770-0_6

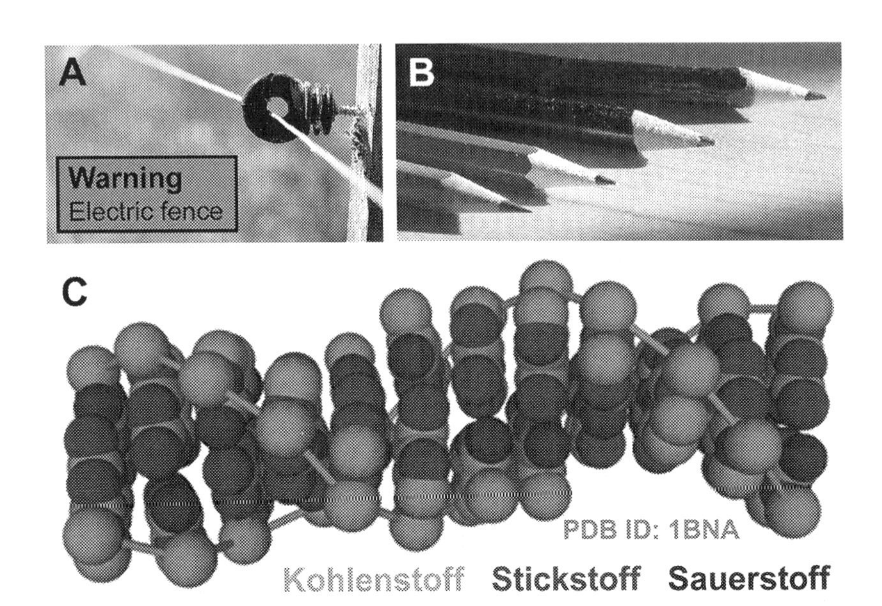

Abb. 6.1 **DNA als Elektrokabel.** Ein Elektrozaun soll Aufmerksamkeit erregen. Wenn man ihn aus Versehen berührt, merkt man sehr schnell, dass man das eigentlich nicht tun sollte (**A**). Graphit ist aus Kohlenstoff und hat nicht nur als Bleistift, sondern auch als Stromleiter – zum Beispiel als Elektrode – wichtige Anwendungsgebiete (**B**). DNA ist so ähnlich wie Graphit aufgebaut (**C**), durch den hohen Anteil an Stickstoff ist DNA aber deutlich elektronenreicher und somit leitfähiger in Längsrichtung des DNA-„Kabels". [Abbildungsnachweis: Elektrozaun, © Artūras Jasevičius, stock.adobe.com, 189460236; Bleistifte, JWM, 2022; Struktur https://doi.org/10.2210/pdb1BNA/pdb – die Atome der Kernbasen sind in Kalottendarstellung mit einem Faktor von 1,2 dargestellt]

wie ein Krimi ist – vor dem Hohen Gericht der wissenschaftlichen Gemeinschaft werden Beweise in Form von Publikationen vorgetragen, die dann von anderen Publikationen bestätigt oder angezweifelt werden. Es wird heftig und leidenschaftlich gestritten. So veröffentlichte Frau Barton 2017 neue Beweise dafür, dass sich ein menschliches DNA-Reparatur-Enzym vom Strom in der DNA leiten lässt. Nur ein paar Wochen später gab es zwei Gegendarstellungen von anderen Wissenschaftlern sowie natürlich die Gegendarstellung gegen die Gegendarstellungen von Barton & Co.

Kommentar: DNA-Elektrokabel sind ein noch recht junges Forschungsfeld mit vielversprechenden mechanistischen Einsichten zur DNA-Reparatur. Mechanismen, die den Ladungstransfer durch DNA mit berücksichtigen, könnten zum Beispiel endlich die bemerkenswerte Treffer-Quote von DNA-Reparatur-Enzymen erklären – sicherlich wären diese Enzyme nicht so effektiv, wenn sie kleinstteilig alle unsere 3 Mrd. Basenpaare einzeln überprüfen müssten. Zum anderen bietet das Thema mehrere Aspekte zur biotechnologischen Anwendung – könnte man nicht eventuell mit einem Messgerät oder einem Biosensor die Unversehrtheit von DNA messen? Als Qualitätskontrolle dürfte so ein Messverfahren bald eine große Rolle spielen, sollte DNA als Nano-Baustein und/oder als hoch verdichtetes Speichermedium breite Verwendung finden. Bei der DNA-Verkabelung wird es wohl über kurz oder lang weitere spannende Ergebnisse geben.

Navigation

Ein schöner Artikel über Bleistift-Minen aus Graphit und elektrisch leitende DNA → Arnold et al., DNA Charge Transport: from Chemical Principles to the Cell. Review. *Cell Chem Biol.* **2016;** 23(1): 183–197. PMID: 26933744. https://doi.org/10.1016/j.chembiol.2015.11.010

Auch aus Deutschland gibt es in diesem Gebiet prominente Beiträge → Kuhlmann et al., How Far Does Energy Migrate in DNA and Cause Damage? Evidence for Long-Range Photodamage to DNA. *Angew Chem Int Ed.* **2020;** 59(40): 17378–17382. PMID: 32869949. https://doi.org/10.1002/anie.202009216

Eine bahnbrechende Entdeckung und ein kleiner Streit → O'Brien et al., The [4Fe4S] cluster of human DNA primase functions as a redox switch using DNA charge transport. *Science.* **2017;** 355(6327): eaag1789. PMID: 28232525. https://doi.org/10.1126/science.aag1789

→ Baranovskiy et al., **Comment on** „The [4Fe4S] cluster of human DNA primase functions as a redox switch using DNA charge transport". Comment *Science.* **2017;** 357(6348): eaan2396. PMID: 28729484. https://doi.org/10.1126/science.aan2396

→ Pellegrini. **Comment on** „The [4Fe4S] cluster of human DNA primase functions as a redox switch using DNA charge transport". Comment *Science.* **2017;** 357(6348): eaan2954. PMID: 28729486. https://doi.org/10.1126/science.aan2954

→ ← O'Brien et al., **Response to Comments on** „The [4Fe4S] cluster of human DNA primase functions as a redox switch using DNA charge transport". Comment *Science.* **2017;** 357(6348): eaan2762. PMID: 28729485. https://doi.org/10.1126/science.aan2762

7 DNA als Speichermedium II – Das hochverdichtete digitale Speichermedium DNA

Ganz unter uns. Wie bewahren Sie denn DNA auf? Ich jedenfalls habe so einige kleine Plastikröhrchen („Eppis") in einem −20 °C-Gefrierschrank im Labor. Manche Röhrchen liegen auf meinem Schreibtisch bei Raumtemperatur. Dann habe ich aber auch noch DNA-Proben in einem Briefumschlag – auf ein Stückchen Filterpapier geträufelt. Manche dieser Proben stammen noch von einem meiner ersten Laborpraktika im Mai 1999. Für die, die jetzt nicht lange rechnen wollen: Das ist schon sehr lange her. DNA ist viel leichter zu lagern als die meisten Proteine oder gar RNA.

Beim Stichwort „Speichermedium DNA" ist seit einiger Zeit bei Informatikern nicht mehr das Abspeichern von Protein-Sequenzen gemeint. Auch an Wasserzeichen wird nicht oft gedacht. Immer mehr geht es hier um den möglicherweise vielversprechendsten Informationsspeicher der nächsten Jahrzehnte, wenn nicht gar Jahrhunderte. Es geht um die Speicherung von jeder Art von Daten; nicht mehr nur das Codieren von Proteinsequenzen. Unsere Datenmengen explodieren geradezu – nicht nur die Dateien auf unseren Festplatten und Handys, viel mehr all die Daten in der Cloud, in der digitalen Datenwolke (Abb. 7.1).

Im Vergleich zu Proteinen und anderen Biomolekülen ist DNA groß – wir sprachen in der Einleitung darüber. Im Vergleich zur makroskopischen Welt ist DNA jedoch winzig. Sie verspricht eine Datenspeicherung mit extrem hoher Informationsdichte, bei respektabler chemischer Stabilität und etablierten Methoden zum Schreiben und Lesen von DNA. Nur zur Erinnerung: DNA-Synthese-Verfahren sind sehr effizient geworden. Aber noch viel mehr ist die DNA-Sequenzierung, also das Auslesen von DNA-Sequenzen in ein geradezu industrielles Zeitalter gekommen.

J. W. Mueller, *11 ½ ungewöhnliche Fakten über DNA*, essentials,
https://doi.org/10.1007/978-3-658-37770-0_7

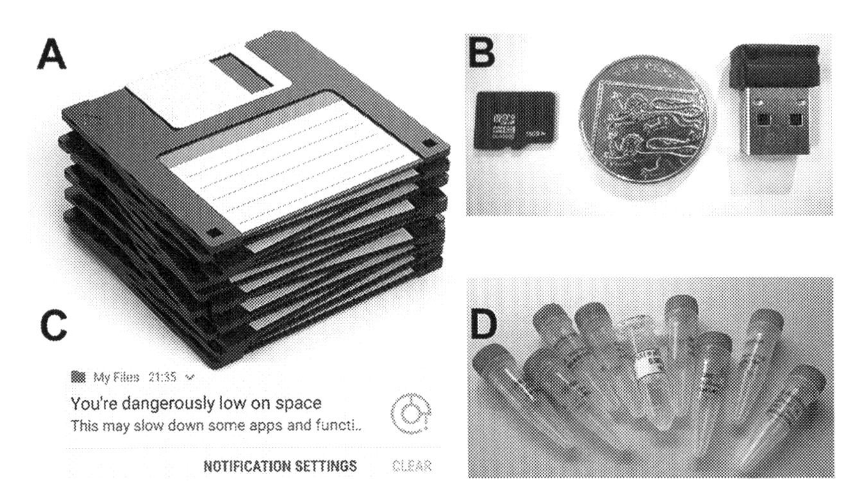

Abb. 7.1 DNA als hoch verdichtetes Speichermedium. A. Das ist nicht etwa das 3D-gedruckte Speichersymbol, sondern ein Stapel von 1,44 MB-fassenden 3,5-Zoll-Disketten. Die hatte man früher haufenweise. **B.** Zum Vergleich eine 16 GB Micro-USB, ein 8 GB USB-Stick und eine 10-Penny-Münze als Größenmaßstab. Auf diesen kleinen Stick passen die Daten von etwa 5‘430 Floppy-Disks. **C.** Nur nebenbei, trotz meiner 16 GB Micro-USB-Speicherkarte schreit mein Handy nach mehr Speicher. **D.** Eventuell könnte alles das bald durch DNA-Speicher ersetzt werden. [Bildnachweis: Diskettenstapel, © Sashkin, stock.adobe.com, 428735649; alle anderen Abbildungen, JWM, 2022]

Überschlagsrechnung I: Auf eine 1,44 MB-Floppy Disk passen 1’474’560 Bytes. Mein kleiner 8 GB Stick kann bis zu 8’006’979’584 Bytes speichern. 5’430 Floppy-Disks wären also etwa nötig gewesen, um das gleiche Datenvolumen zu speichern – ein fast 18 m hoher Turm aus jenen alten Disketten.

Überschlagsrechnung II: Nucleinsäure-Chemiker und Informatiker forschen daran, was die optimale Datendichte von DNA-Speichern sein könnte. Eine hohe Datendichte ist natürlich effizienter; eine niedrigere Datendichte könnte aber den Code durch Redundanz robuster und weniger störanfällig gegenüber Mutationen machen. Nehmen wir mal eine Datendichte wie bei den DNA-Wasserzeichen an, also großzügig eine Ja-Nein-Information pro drei Codons, dann wirkt das molekulare Gewicht eines Bytes von 44'496 Daltons erstmal sehr viel. Dann auch noch multipliziert mit jener riesigen Zahl von da oben – die, die mit 8'006... anfängt! Trotzdem wöge ein einziger DNA-Doppelstrang mit 8 GB dieser Datendichte lediglich 0.6 Nanogramm. Immer noch ein Bruchteil des Gewichts selbst meiner kleinen 16 GB Micro-USB-Karte.

So einige universitäre Arbeitsgruppen, aber auch Hightech-Firmen interessieren sich für **DNA-Datenspeicher** – von all diesen Wettbewerbern ist wohl Microsoft der bekannteste Name. Manche dieser Teams machen spektakulär auf sich aufmerksam, indem sie immer größere Datenmengen in DNA codieren. So hat eine Schweizer Arbeitsgruppe gemeinsam mit Netflix eine ganze Folge einer Netflix-produzierten Serie in DNA gespeichert. Ein bisschen selbst-referenziell beschäftigt sich jene Serie mit neuen biotechnologischen Möglichkeiten.

Ein Marburger Forschungsverbund hat seinen eigenen Ergebnisbericht in DNA gespeichert. Dann wurde daraus aber ein wissenschaftliches Projekt mit Bürgerbeteiligung. Jeder konnte sich ein Pröbchen bestellen, das nach mehreren Jahren Lagerung unter Alltagsbedingungen (bei mir steht das schicke Ding im Bücherregal) wieder ausgelesen werden soll. Mal schauen, wie es diesem Projekt in ein paar Jahren so geht. Der gleiche Marburger Forschungsverbund denkt aber auch über bessere „Umschläge“ oder Verpackungen für DNA nach. Ideal wäre da ja etwas zu verwenden, was es in der Natur schon seit ewigen Zeiten gibt. Es wird an sporenbildenden Bakterien gearbeitet. Wenn die erstmal zur künstlichen DNA-Speicherung „überredet“ werden könnten, dann böten sie extrem lange haltbare Sporen. Jene kleinen Kapseln verwahren DNA ultrakompakt und gut geschützt vor äußeren Einflüssen.

Noch einmal etwas technisches. DNA sequenzieren ist mittlerweile in unglaublich großem Maßstab zu sehr niedrigen Kosten pro Base möglich. Die DNA-Synthese hat mit dieser rasanten Entwicklung nicht ganz schritthalten können. Es gibt aber auch in diesem Gebiet Fortschritte. So zum Beispiel gibt es die Idee, Information nicht in der Abfolge von Basen in der DNA zu codieren, sondern in der Abfolge von ein paar vorgefertigten DNA-Abschnitten. Diese könnten im großen Maßstab produziert werden und dann bedarfsgerecht aneinander gefügt werden. Die Zukunft bleibt spannend.

Komprimiert: DNA ist der! biologische Informationsspeicher. Derzeit schickt sich DNA auch an, eine Zweitkarriere als digitales Speichermedium zu starten.

Mit anzusehen, wie hier Biologie und Technologie so produktiv zusammenkommen, hat fast schon etwas Magisches.

Navigation

Microsoft interessiert sich für DNA-Datenspeicherung → Chen et al., Quantifying molecular bias in DNA data storage. *Nat Commun.* **2020;** 11(1): 3264. PMID: 32601272. https://doi.org/10.1038/s41467-020-16958-3

Marburger Forscher beim Datenspeichern in DNA → Schwarz et al., MESA: automated assessment of synthetic DNA fragments and simulation of DNA synthesis, storage, sequencing and PCR errors. *Bioinformatics.* **2020;** 36(11): 3322–3326. PMID: 32129840. https://doi.org/10.1093/bioinformatics/btaa140

Eine besondere Veröffentlichung vom DNA-Speicher-Spezialisten Nick Goldman über die Freuden und Leiden eines hoch interdisziplinären Teams → Hesketh et al. Improving communication for interdisciplinary teams working on storage of digital information in DNA. *F1000Res.* **2018;** 7:39. PMID: 29707196. https://doi.org/10.12688/f1000research.13482.1

8 Die eukaryotische Chromatin-Verpackung der DNA ist ein hochwirksames Bakteriengift

Wir Menschen sind besiedelt von unendlich vielen Bakterien. Diese Prokaryoten und wir Eukaryoten leben meist friedlich zusammen; manchmal kommt es aber zu bakteriellen Infektionen. Dagegen wehrt sich unser Körper zum einen mit wasserlöslichen Abwehrstoffen, zum Beispiel Antikörpern, und zum anderen mit spezialisierten Abwehrzellen. Um eine ganz besondere dieser Zellen geht es hier – um neutrophile Granulozyten, eine spezielle Art weißer Blutkörperchen, liebevoll auch Neutrophile genannt.

Was Neutrophile können, können nur Neutrophile. Sie helfen bei der angeborenen Immunabwehr. Sie können Giftstoffe abgeben, die sie vorher als kleine Klümpchen (Granula) gespeichert hatten. Somit erledigen sie Bakterien, die gerade in der Nähe sind. Sie können auch als Fresszellen oder Phagozyten Bakterien auffressen und verdauen; wohl bekommt's. Aber vor allem sind sie Kamikaze-Fallensteller, wie 2004 entdeckt wurde. Wenn Neutrophile von bestimmten Signalstoffen provoziert werden, dann begehen sie eine besondere Art von Zell-Selbstmord, bei der sie ihre DNA mitsamt den Histonen, also das Chromatin, sowie weitere intrazelluläre Proteine ausspucken. Dieses Chromatin bildet ein schleimiges und klebriges Netzwerk, in dem Bakterien haften bleiben und bald danach ihr Ende finden. Diese Netzfallen werden auch als *neutrophil extracellular traps* bezeichnet – sehr pfiffig mit NETs abgekürzt. Sie sehen toll aus (Abb. 8.1).

Warum ist Chromatin so giftig für Bakterien? Hier erstmal kurz ein paar Unterschiede zwischen Prokaryoten und Eukaryoten: Eukaryoten haben einen „echten" Zellkern, Prokaryoten nicht. Eukaryoten haben oft aberwitzig riesige Genome, Prokaryoten nicht. Da haben wir das menschliche Genom mit 3 Mrd. Basenpaaren und das Genom von handelsüblichen Weizen mit 16 Mrd. Basenpaaren auf der einen Seite – und zum Vergleich das Genom von unserem

J. W. Mueller, *11 ½ ungewöhnliche Fakten über DNA*, essentials, https://doi.org/10.1007/978-3-658-37770-0_8

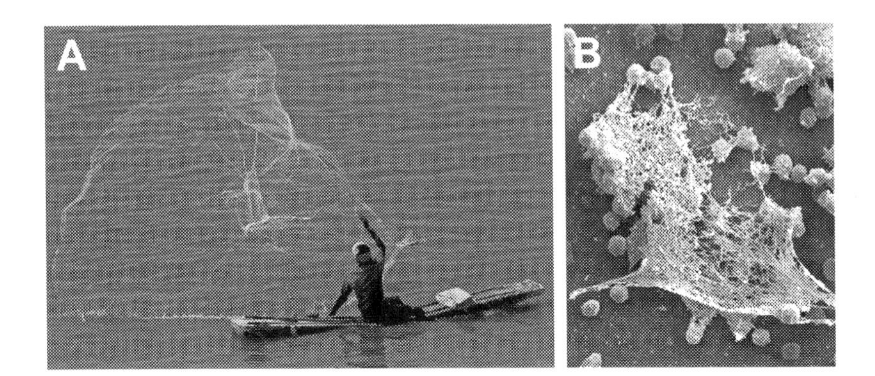

Abb. 8.1 „NETs"e auswerfen. Neutrophile sind eine ganz besondere Art weißer Blutzellen. Wenn sie auf Eindringlinge stoßen, dann werfen sie diesen Bösewichten Netze aus Chromatin entgegen. Eigentlich sind es NETs'e oder *neutrophile extracellular traps*. Hier wirft ein Fischer sein Netz aus (**A**), irgendwie ähnlich zu menschlichen Neutrophilen, die ihre NETs'e dem pathogenen Pilz *Aspergillus fumigatus* entgegen schleudern (**B**). [Bildnachweis: Fischer mit Netz, © Hari K Patibanda, Abdruck mit freundlicher Genehmigung; menschliche NETs'e, adaptiert von Bruns et al, PLoS Pathog. 2010: 6(4): e1000873. PMID: 20442864. https://doi.org/10.1371/journal.ppat.1000873]

Labor-Haustierchen *Escherichia coli* mit 4,6 Mio. Basenpaaren und vom pathogenen Bakterium *Mycoplasma genitalium* mit nur 580 Kilobasen auf der anderen Seite. All das erklärt aber noch nicht, warum Bakterien auf Chromatin so empfindlich reagieren.

Eukaryoten wickeln ihre teils enorm langen DNA-Fäden um kleine Histon-„Lockenwickler", Prokaryoten nicht. DNA ist knackig negativ geladen. Sie kann nur „aufgewickelt" werden, wenn sie elektrisch neutralisiert wird – unsere Histone müssen deshalb ziemlich positiv drauf sein. Statt Histonen bemühen Prokaryoten hier oft kleine, positiv geladenen Substanzen, so wie das Polyamin Spermidin. Wichtig: Bakterien kennen keine Histone.

Unsere Histone sind wasserlösliche Peptide mit einer positiven Gesamtladung mit einem Hang dazu, Korkenzieher-ähnliche α-Helices zu bilden. Genau diese Eigenschaften teilen Histone mit einer großen Gruppe von antimikrobiellen Peptiden – AMPs. Im gesunden menschlichen Körper sollten Bakterien nie, nie, niemals unseren Zellkern sehen. Wenn aber Neutrophile Teile ihres Zellkerns den Bakterien entgegen schleudern, dann bleiben diese im DNA-Netz hängen. Und wie genau töten jetzt Histone Bakterien? So genau weiß man das gar nicht. Histone könnten sich als kleines Bündel zusammenlagern und selbst kleine Löcher in Bakterienmembranen bohren. Dabei könnten sie sich auch mit jenen antimikrobiellen Peptiden zusammenlagern. Einmal in der Bakterienzelle, könnten die Histone aber auch den Stoffwechsel des Bakteriums kräftig durcheinander wirbeln, wenn sie sich auch dort als hoch-affine DNA-Lockenwickler entpuppen.

Müssen Neutrophile beim NETze-Stellen denn sterben? Die Antwort ist überraschenderweise: Nicht sofort. Manche Zellen überleben es, Teile ihres Zellkerns oder sogar ihr gesamtes Chromatin über Bord zu werfen. Über kurz oder lang sollten diese Zellen dann aber doch ausgetauscht werden.

Vielleicht noch ein paar Überlegungen zum **Chromatin.** Warum genau muss „der Faden des Lebens", die DNA, so kompliziert aufgewickelt werden? Ganz einfache Antwort: Weil es sonst nicht geht. In einer Zelle mit etwa 10 Mikrometern Durchmesser ist der Kern zwar schon ziemlich groß; die zwei Meter lange DNA unseres diploiden Genoms dort heil rein und auch wieder herauszubekommen, ist trotzdem nicht leicht. Stellen Sie sich mal vor, Sie müssten ein Kabel das von Berlin bis Schwerin reicht, in einem Karton verstauen, der nur einen Meter lang ist, und eben dieses Kabel dann von Frankfurt (Main) bis Stuttgart wieder ausrollen. Beide Entfernungen sind etwa 200 km. Klingt einfach, oder?

Kongenial: Unsere im Zellkern mithilfe von Histonen aufgewickelte DNA ist nicht nur das Buch des Lebens. Spezialisierte Immunzellen, sogenannte Neutrophile, können ihr Chromatin auch auf bakterielle Eindringlinge schleudern, die dann in diesem klebrigen Netz aus DNA und Histonen verenden. Ganz schön schlau, diese Neutrophile.

Zum Weiterlesen und zum Faktencheck

Noch einmal. Was Neutrophile können, können nur Neutrophile. Ein Übersichtsartikel über die vielen Arten, wie Neutrophile sterben können → Pérez-Figueroa et al., Neutrophils: Many Ways to Die. *Front Immunol.* **2021.** 12:631821. Review. PMID: 33746968. https://doi.org/10.3389/fimmu.2021.631821

Antimikrobielle Peptide und Histone können Bakterien auf verschiedene Weise töten → Doolin et al., Physical Mechanisms of Bacterial Killing by Histones. *Adv Exp Med Biol.* **2020.** 1267: 117–133. PMID: 32894480. https://doi.org/10.1007/978-3-030-46886-6_7

9 DNA als Speichermedium III – Geheim-Botschaften aus DNA

Weil DNA super stabil ist, ist sie ein fantastischer Informationsspeicher, wir sprachen bereits darüber. Im universellen biologischen Code gibt es zwanzig Aminosäuren, die allesamt mit einem mehr oder weniger intuitiv verständlichen Buchstaben abgekürzt sind. Auch dieses Aminosäuren-Alphabet kennen wir. Wenn man also ohne B, J, O, U, X und Z auskommt, kann man aus Protein-Sequenzen **geheime Botschaften** heraus lesen oder gar in sie hinein schreiben!

Das Auslassen von bestimmten Buchstaben hat in der Literatur einen Namen. Als **Leipogramm** wird ein Text bezeichnet, in dem ein Buchstabe (oder auch mehrere) bewusst ausgelassen werden. Der Barock-Schriftsteller Barthold Heinrich Brockes beschreibt meisterlich das Heraufziehen eines Gewitters – die Stille vor und nach dem meteorologischen Ereignis kommt über viele Zeilen völlig ohne den Buchstaben R aus; GewitteR, StuRm und DonneR jedoch enthalten umso mehr Rs (Abb. 9.1). Sechs Buchstaben auszulassen schränkt die Wortwahl aber doch erheblich ein. Hier können wir gerne mal auf das alte lateinische Alphabet mit nur 21 Buchstaben schauen. Wozu braucht man denn ein U – ein V ist doch im entsprechenden Kontext auch verständlich, oder?

Wer also ohne ein paar Buchstaben leben kann und hier oder da auch ein bisschen kreativ ist, kann Fragen stellen wie diese: Wie oft gibt es die Aminosäure-Sequenz **„ELVISTHEKING“** in Proteinen denn so? Gar keine so leichte Frage, da die Standard-Einstellung der Sequenz-Suchmaschine BLAST erstmal nicht die Suche nach so kurzen Sequenzen vorsieht.

Schreiben Sie mir bitte, was Sie so zu diesem Thema herausfinden.

J. W. Mueller, *11 ½ ungewöhnliche Fakten über DNA*, essentials,
https://doi.org/10.1007/978-3-658-37770-0_9

```
7mGpppacagcuuccaagAUGgcguauugggaauggauuagccauuaugcg
                   M  A  Y  W  E  W  I  S  H  Y  A
gcgguggaacgcuauauggaacgccgcuauugccaucgcauuagcaccaug
 A  V  E  R  Y  M  E  R  R  Y  C  H  R  I  S  T  M
gcgagcgcgaacgaugcgcaugcgccgccguauaacgaaugguaugaagcg
 A  S  A  N  D  A  H  A  P  P  Y  N  E  W  Y  E  A
cgcUAAUAGUGAaaaaaaaaaaaaaaaaaaaaaaaaaaaaaaaaaaaaaa...
 R  *  *  *                              ©Jon Wolf Mueller
```

```
7mGpppaucauggaaccgaagAUGgcguauugggaauggauuagccauuau
                      M  A  Y  W  E  W  I  S  H  Y
gcggcgcatgcgccgccguaucgcgcgauggcggaugcgaacUAAUAGUGA
 A  A  H  A  P  P  Y  R  A  M  A  D  A  N  *  *  *
aaaaaaaaaaaaaaaaaaaaaaaaaaaaaaaaaaa...    ©Jon Wolf Mueller
```

Abb. 9.1 Ein Leipogramm und zwei Grußkarten. In seinem Gedicht „Die auf ein starckes Ungewitter erfolgte Stille" beschreibt Barthold Heinrich Brockes seitenlang alles um Gewitter und Donnergrollen MIT dem Buchstaben R, die Stille danach kommt jedoch völlig OHNE den Buchstaben R aus. Wenn man ohne ein paar Buchstaben schreiben kann, dann kann man auch mit dem Aminosäure-Code Leipogramme verfassen. Hier zwei Grußkarten, die der Autor dieses Springer essentials mal verfasst hat. [Bildnachweis: Strand in Katwijk, JWM, 2019]

Neulich fragten Kollegen mich um meine Meinung zum Design eines Proteinfragments. Es ging darum, ein geeignetes Stück eines möglicherweise **NAD-bindenden Proteins** zur Überexpression und zur Kristallisation zu finden. Man könnte so ein Konstrukt ja überall anfangen lassen. Dann habe ich aber in einer bestimmten Schleifen-Region die Aminosäuren Asparagin-Alanin-Aspartat, kurz „NAD" gesehen. Also entwarf ich vier Expressionskonstrukte, die alle mit NAD anfingen, aber an verschiedenen Stellen auf C-terminaler Seite endeten. Eines dieser Konstrukte war sehr gut löslich, das Protein kristallisierte und seine Struktur ist jetzt als Eintrag 3TE6 in der Protein-Daten-Bank PDB zu sehen. Ein Jammer, dass sich am Ende herausstellte, dass das Protein doch nicht NAD bindet.

Wenn ein Wissenschaftler oder eine Wissenschaftlerin Neuland betritt, dann gilt es auch, die Neu-Entdeckung entsprechend zu benennen. 2003 fanden englische Wissenschaftler ein neues Gen, das im Krebsgeschehen eine Rolle spielt. Das Protein enthielt irgendwo am N-Terminus, also am Anfang des Eiweißes, die Sequenz **„SISTER"**. Also tauften die Forscher das Protein auf den Namen EMSY. So hieß nämlich die Schwester des Erstautors der Studie, die Krankenschwester auf einer Brustkrebs-Station war.

Nicht in die Kategorie Schönschreiben mit DNA gehört **das inhibitorische Aspartat-Phenylalanin-Glycin-Motiv,** das in so einigen Protein-Kinasen zu finden ist, die prominente Proteinkinase A ist eine davon. Dem Asp-Phe-Gly-Motiv kommt eine Schalter-Funktion zu. Wenn es zum katalytischen Zentrum gewandt ist, dann ist die Asparaginsäure-Seitenkette direkt an der Bindung des Magnesium-ATPs beteiligt. Leider zeigen die Seitenketten des Asp-Phe-Gly-Motiv aber viel zu oft in die entgegengesetzte Richtung und behindert somit eine Umsetzung. Niemand käme auf die Idee, die inhibitorische Sequenz DFG irgendwie weitergehend zu deuten.

Klärende Worte: Warum macht man das? Zunächst kann man diesen Aktivitäten einen didaktischen Wert beimessen. Wenn Studierende selbst DNA-Sequenzen in Proteine übersetzen, also wirklich „translatieren", dann müssen sie so einige Konzepte der Molekularbiologie anwenden, um zu einer „sinnvollen" Botschaft zu kommen. An dieser Stelle könnte man sofort in Proteinfaltung und -funktion einsteigen. Stattdessen aber eine vom Menschen lesbare Botschaft zu setzen, garantiert einen unmittelbareren Lernerfolg. Nicht zuletzt kann man Schönschreiben mit DNA auch für die Öffentlichkeitsarbeit rund um die Biowissenschaften nutzen. Die Abbildung zeigt dazu zwei Beispiele. Bitte beachten, obwohl der Text in „DNA" entworfen wurde, ist er hier als Messenger- oder auch Boten-RNA (mRNA) dargestellt. Eine mRNA enthält immer eine positiv geladene Kopfgruppe (7mG) und einen langen Schwanz aus Adenosin-Basen. An diesen

Signalen erkennt das Ribosom, das es sich bei dem langen RNA-Faden um eine Bauanleitung für ein Protein handelt.

Für den Faktencheck und zum Weiterlesen

Hier ist der gesamte Text von Brockes Gedicht zu finden → http://www.zeno.org/Literatur/M/Brockes,+Barthold+Heinrich/Gedichte/Irdisches+Vergn%C3%BCgen+in+Gott/Die+auf+ein+starckes+Ungewitter+erfolgte+Stille [Zugriff 10. Juli 2022].

Erste Schritte zur Aufklärung des „ELVISomes", die mich scheinbar geprägt haben → Evilia. „ELVIS is everywhere: not only that, he controls our DNA." *The Scientist* **2004;** 18(1): 64.

Ein Protein-Fragment, das mit den Buchstaben NAD anfängt → Ehrentraut et al., Structural basis for the role of the Sir3 AAA+domain in silencing: interaction with Sir4 and unmethylated histone H3K79. *Genes Dev.* **2011;** 25(17): 1835–1846. PMID: 21896656 → Unter http://doi.org/10.2210/pdb3TE6/pdb gibt es auch die Aminosäuresequenz des kristiallisierten Proteins. Nicht verwirren lassen, das „GP" ganz am Anfang stammt vom Linker, die eigentliche Sequenz beginnt wirklich mit „NAD".

Hier der Hintergrund zur Geschichte um EMSY, die Schwester des Erstautors → Hughes-Davies et al., EMSY links the BRCA2 pathway to sporadic breast and ovarian cancer. *Cell.* **2003;** 115(5): 523–535. PMID: 14651845 → Wer's mag, auch hier der direkte Zugang zur Proteinsequenz von EMSY – https://www.ncbi.nlm.nih.gov/protein/NP_001287871.

Eine von vielen Studien zur regulatorischen Funktion des Asp-Phe-Gly-Motivs in Proteinkinasen → Xie et al., Conformational states dynamically populated by a kinase determine its function. *Science.* **2020;** 370(6513): eabc2754. PMID: 33004676.

10 DNA als Lösungsmittel oder Reaktionsraum

Oder: Macht es einen Unterschied, ob eine Stoffwechselreaktion im Kern oder im Cytoplasma abläuft?

Eukaryoten heißen Eukaryoten, weil sie einen echten Zellkern haben – die **„Echt-Kernigen“**, die Guten… Zellkern und Cytoplasma sind durch eine Kernmembran getrennt und Kernporen lassen kleine Moleküle leicht passieren. Die gleichen Kernporen sträuben sich aber mehr und mehr, Moleküle mit zunehmender Größe durchzulassen. Eigentlich sind diese **Kernporen** hochkomplizierte Multi-Protein-Komplexe mit einem Gel-Pfropfen im Inneren, der ein wahres High-Tech-Material ist. Irgendwie so ähnlich wie ein Agarose-Gel im Labor lässt dieses Gel größere Moleküle langsamer durch als kleinere. Richtig exotisch wird es, wenn auch noch Import- oder Export-Proteine ins Spiel kommen. Diese Faktoren schmelzen das Gel lokal auf und können so auch größere Proteine oder gar riesengroße Protein-RNA-Komplexe wie eine Untereinheit eines Ribosoms ziemlich fix durch die Kernpore bugsieren. Klingt interessant, oder? Ist es auch.

Für dieses Kapitel reicht, dass Kern und Cytoplasma deutlich getrennte Bereiche in der Zelle sind, die aber einen regen Stoffaustausch bei kleinen Molekülen pflegen. Größere Proteine von vielleicht 70 kDa können nicht ohne besondere Sortiermechanismen hierhin oder dorthin wandern. Sie sind entweder im Cytoplasma oder im Kern, nicht jedoch in beiden Kompartimenten gleichzeitig.

Eindeutige „Kern-Kompetenzen“ sind alle Prozesse rund um DNA-Vervielfältigung und -Reparatur sowie das Abschreiben in RNA nebst allerlei Spleiß- und Korrekturvorgänge. Für eine „normale“ Stoffwechselreaktion stellt sich aber die Frage: Wenn eh alles „Kleinteilige“ – also Salze, Ionen, Metabolite und dergleichen – zwischen Kern und Zytosol gleich verteilt ist, müsste es dann für ein Protein nicht egal sein, ob es hier ist oder dort? Eine andere Frage wäre, wie sich ein Protein im Mitochondrium, in einem Lysosom oder in sonst einer Membranblase verhält. Das sind nämlich vollständig abgeteilte Reaktionsräume,

J. W. Mueller, *11 ½ ungewöhnliche Fakten über DNA*, essentials,
https://doi.org/10.1007/978-3-658-37770-0_10

mit völlig anderen Reaktionsbedingungen, anderem pH-Wert, anderem Redox-Millieu und sonst noch was. Zurück zur **„Kernfrage“**. Warum sollte ein Enzym aufwendig in den Kern transportiert werden, nur damit sein Reaktionsprodukt zurück ins Cytoplasma diffundiert und dort weiterverarbeitet wird?

Warum ich das frage? Ziemlich lange habe ich darüber gegrübelt, worin der Unterschied zwischen zwei Proteinen besteht, nennen wir sie mal PAPSS1 und PAPSS2. Dieses Genpaar gibt es in allen Wirbeltieren – es ist wohl irgendwann durch Genverdopplung entstanden, als sich Tiere eine Wirbelsäule zugelegt haben. Lange und sorgfältig haben wir die beiden Proteine miteinander verglichen. Es zeigte sich, dass sich die beiden Enzyme vor allem in ihrer **Proteinstabilität** unterschieden. In einem anderen Punkt waren sie sich aber einig – sowohl PAPSS1 als auch PAPSS2 pendeln flexibel zwischen Kern und Cytoplasma hin und her – in der Tendenz aber war PAPSS1 mehr im Kern und PAPSS2 mehr im Cytoplasma anzutreffen.

Ziemlich aufwendige Technik war notwendig, um konzeptionell eine erste Antwort auf unsere „Kernfrage“ zu liefern. Wissenschaftler von der Uni Braunschweig können die Entfaltung eines Proteins in lebenden Zellen verfolgen, während sie jene Zellen langsam erhitzen. Mit dieser Messmethode konnte Simon Ebbinghaus zu einem Sensationsfund beitragen: Zumindest für ein Modellprotein – das glykolytische Enzym Phospho-Glycerat-Kinase (PGK) – ist es eben nicht egal, wo sich dieses nicht besonders beständige Enzym aufhält. Im Kern war der Mittelpunkt der thermischen Entfaltung dieses Proteins – der Wendepunkt also auf dem Weg zum Spiegelei – fast 4,5 Grad Celsius höher als für das identische Protein in wässriger Lösung (Abb. 10.1). Wow. **Die ganz besondere Umgebung des Kerns** (dreimal dürfen Sie raten, ob DNA dabei eine Rolle spielt), macht den Kern zu einem Ort, an dem Proteine schneller und gleichförmiger falten und dann auch noch stabiler sind als anderswo in der Zelle.

Der Kern ist also nicht nur Träger unseres genetischen Materials, er ist auch ein Hort der Protein-Faltung. Die Sache wird noch spannender, wenn man sich Wächter-Proteine anschaut – also solche, die aufpassen, dass andere Proteine keinen Unsinn treiben. Dies sind zum einen Faltungshelfer, auch Chaperone genannt, zum anderen sind es Enzyme, die eine Abfall-Marke auf andere Proteine kleben. Diese Abfall-Marke besteht aus mehreren Kopien des Proteins Ubiquitin und jene Marken-Klebe-Proteine heißen E3-Ubiquitin-Ligasen, dabei geht das „E3“ auf die Entdeckungsgeschichte dieser Enzyme zurück. Alle diese Proteine sind sowohl im Kern als auch im Cytoplasma zu finden. Es scheint so zu sein, dass die gleichen Protein-Wächter im Protein-stabilisierenden Kern strenger – nicht nachgiebiger! – mit anderen Proteinen umgehen. Frei nach dem Motto: Im Kern muss halt alles perfekt funktionieren – wer nicht mitspielt, wird abgebaut.

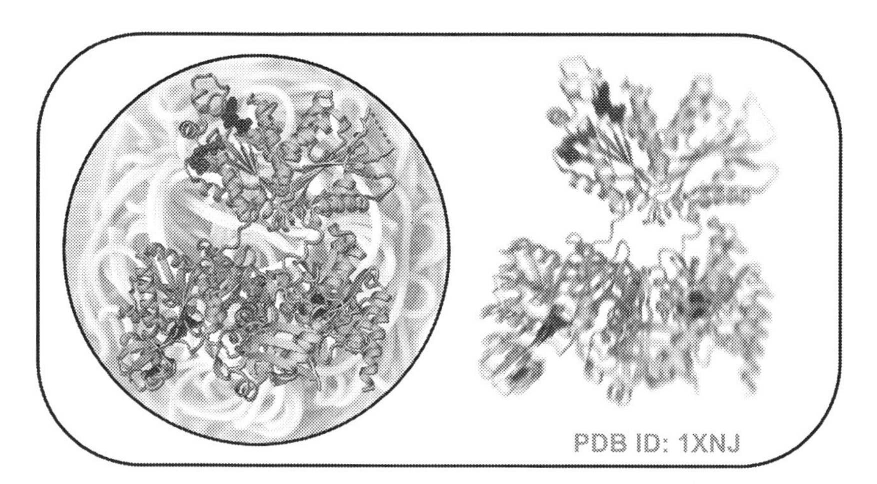

Abb. 10.1 **Proteine mit ganz viel DNA drum herum.** Der Zellkern und das Cytoplasma einer normalen eukaryotischen Zelle sind durch Kernporen verbunden. Es herrscht praktisch freie Diffusion von kleinen Metaboliten. Proteine, besonders große und noch viel mehr sehr große Proteine, können aber nicht so frei hin und her wandern. Pfiffige biophysikalische Messungen haben nun anhand von Modelproteinen gezeigt, dass der Kern eine Protein-stabilisierende Zone ist. Etwa 2 bis 5 °C höher ist die Entfaltungstemperatur eines Proteins im Kern, verglichen mit jener im Cytoplasma oder als „nacktes" Protein in wässriger Lösung. Viele Proteine haben Entfaltungstemperaturen irgendwo zwischen 30 und 50 °C, sodass 2–5 °C mehr Stabilität einen riesigen Unterschied machen können. Hier zu sehen ist das mäßig stabile Protein PAPSS1 – kristall-klar im Zellkern, aber verschwommen im Cytoplasma. [Abbildungsinformation: Spaghetti-Modell des Zellkerns, JWM, 2021; Struktur https://doi.org/10.2210/pdb1XNJ/pdb]

Zurück zu unseren Proteinen PAPSS1 und PAPSS2. Haben die neuen Erkenntnisse über den Kern zum Verständnis dieser Proteine beigetragen? Erstmal haben sie uns Kopfschmerzen bereitet. PAPSS1 ist nämlich das Protein, das deutlich stabiler ist UND vornehmlich im Kern ist. Dagegen ist PAPSS2 das etwas zu leichtgebaute Protein, das meist im Cytoplasma anzutreffen ist. Der Unterschied zwischen Kern und Cytoplasma würde also den ohnehin bestehenden Stabilitätsunterschied zwischen den beiden Proteinen verstärken, nicht ausgleichen. Wir forschen weiter. Ich werde Sie auf dem Laufenden halten.

Kernaussage: Für eine beliebige Stoffwechselreaktion selbst macht es erstmal keinen Unterschied, ob sie im Kern oder im Cytoplasma stattfindet. Das beteiligte Enzym aber ist im Kern deutlich stabiler und kann dadurch entweder schneller seine Arbeit aufnehmen und/oder deutlich länger halten. Toll, so ein mit DNA vollgestopfter Kern.

Zum Weiterlesen und zum Faktencheck

Eine aktuelle Übersicht zur Kernpore → Fernandez-Martinez & Rout. One Ring to Rule them All? Structural and Functional Diversity in the Nuclear Pore Complex. Review. *Trends Biochem Sci.* **2021;** S. 0968–0004(21)00005–0. PMID: 33563541. https://doi.org/10.1016/j.tibs.2021.01.003

Wer hätte es gedacht? Ein Protein ist stabiler im Kern als im Cytoplasma → Dhar et al., Protein stability and folding kinetics in the nucleus and endoplasmic reticulum of eucaryotic cells. *Biophys J.* **2011;** 101(2): 421–30. PMID: 21767495. https://doi.org/10.1016/j.bpj.2011.05.071

Menschliche Schwefel-Enzyme und alles was wir derzeit von intrazellulärer Proteinfaltung zu wissen glauben → Brylski et al., Melting Down Protein Stability: PAPS Synthase 2 in Patients and in a Cellular Environment. *Front Mol Biosci.* **2019;** 6:31. Review. PMID: 31131283. https://doi.org/10.3389/fmolb.2019.00031

Etwas trocken geschrieben, dafür aber ein sehr interessanter Gedanke: Die gleichen Protein-Wächter schauen im Kern deutlich strenger hin als im Cytoplasma → Hickey et al., Protein quality control degron-containing substrates are differentially targeted in the cytoplasm and nucleus by ubiquitin ligases. *Genetics.* **2021;** 217(1): 1–19. PMID: 33683364. https://doi.org/10.1093/genetics/iyaa031

11 DNA als Kunstgegenstand

In seinem Buch „Die Doppelhelix" schreibt James Watson, dass er sofort wusste, dass diese, ja, diese eine, die richtige Struktur der DNA sein musste – allein schon wegen ihrer Schönheit. Von Anfang an war die Doppelhelix eine **Ikone der Wissenschaft,** die für die Moderne und ein neues Menschenbild steht. Hübsch ist sie ja nun wirklich anzusehen.

DNA ziert die Visitenkarten zahlreicher molekularbiologischen Forschungslabors und Biotech-Unternehmen. Auch meine ehemalige Wirkungsstätte hat DNA in ihrem Logo, das Zentrum für Medizinische Biotechnologie ZMB in Essen. Eine Internet-Bildersuche nach **„DNA-Logos"** wird sicherlich viele weitere Beispiele liefern. Irgendwie ja auch lustig, dass eine biologische Struktur aus dem Jahre 1953 fast siebzig Jahre später immer noch dazu benutzt wird, um Fortschrittlichkeit und Zeitgeist auszudrücken. DNA ist eben irgendwie zeitlos.

Mit DNA setzen sich auch Künstler auseinander. **DNA-Skulpturen** gibt es reichlich. Alle möglichen Eingangsbereiche von wissenschaftlichen Instituten und Museen zieren sich damit. In Birmingham hat 2013 der Künstler Richard Thornton direkt vor einem der größten Krankenhäuser Europas seine Skulptur „To the Future" errichtet (Abb. 11.1). Die 8,5 m hohe Skulptur aus poliertem Stahl stellt eine Doppelhelix dar. So einige Besucher des Klinikums sollen das Kunstwerk angeblich aber *„fingers crossed"* nennen, die englische Version von „Daumen drücken". Naja, das ist ja für Krankenhaus-Besuche auch meist passend.

Mit DNA wird Konzept-Kunst gemacht. Vom Projekt „Ergo sum – Also bin ich" der Künstlerin Charlotte Jarvis war ich persönlich sehr angetan. Ich lernte sie bei einer *Worlds Collide*-Veranstaltung der Uni Birmingham kennen – bei *Worlds Collide* werden Wissenschaft und Kunst gezielt zusammengebracht. Frau Jarvis spendete ein paar Hautzellen und ließ sie von niederländischen Wissenschaftlern so verändern, dass ihre Zellen sich zu einem Tumor entwickelten – natürlich in einem Zellkultur-Gefäß, nicht in ihrem eigenen Körper. Sämtliche Schritte des

J. W. Mueller, *11 ½ ungewöhnliche Fakten über DNA,* essentials,
https://doi.org/10.1007/978-3-658-37770-0_11

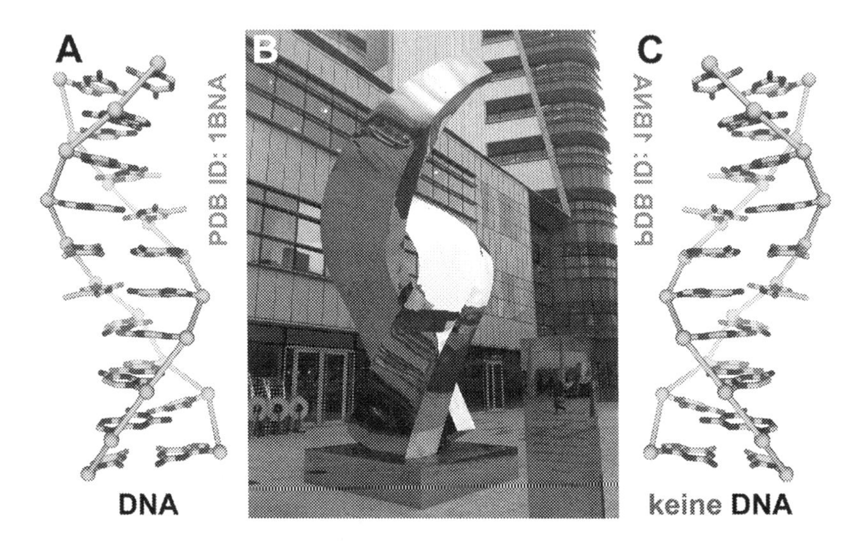

Abb. 11.1 **DNA ist schön.** DNA-Logos zieren die Visitenkarten und Internetseiten endlos vieler Biotech-Firmen. Hier ist eine DNA-Skulptur zu sehen, die vor dem Queen Elisabeth Hospital im englischen Birmingham steht (**B**). Achtung! Achtung! DNA in ihrer normalen Form der B-DNA ist eine rechts-gängige Doppelhelix (**A**). Wenn man aber unachtsam eine Druckvorlage spiegelt, dann erzeugt man etwas, was es in der Natur nicht gibt – ein Spiegelbild von DNA, also nicht natürlich vorkommende links-gängige B-DNA (**C**). [Bildnachweis: DNA-Skulptur, JWM, 2014; Struktur von B-DNA nach https://doi.org/10.2210/pdb1BNA/pdb]

Prozesses wurden wissenschaftlich und fotografisch dokumentiert. Frau Jarvis war also Auftraggeberin und Beobachterin bei der **Entstehung ihres eigenen Hautkrebs**. Zugegeben, hier mischen sich zwei Konzepte – DNA und Krebs. Wenn wir aber die Frage nach der Henne und dem Ei stellen, jene Frage, ob die DNA oder der Krebs zuerst da war, dann müssen wir die Frage eindeutig zu Gunsten der DNA beantworten. Immer geschehen erst Veränderungen in der DNA, erst dann kommt es zu einem Tumor. So gesehen, hat Frau Jarvis hier wohl eindeutig und eindrucksvoll DNA-Kunst gemacht.

Etwas leichter kommt die dekorative DNA-Kunst der Firma Play DNA daher [playdna.co.uk], die Birminghamer Absolventen gegründet haben. Das Angebot ist klar. Der Auftraggeber gibt eine **DNA-Probe** ab, von der dann **ein individuelles Muster aus Gel-Banden** erzeugt wird. Die Methodik dabei gleicht der eines Vaterschaftstests. Dieses individuelle Muster kann dann auf eine Leinwand, auf ein Kissen oder eine andere bedruckbare Fläche übertragen werden. So entstehen hochgradig personalisierte dekorative Gegenstände.

Kennen Sie weitere DNA-basierte Kunst? Machen Sie gar selbst ein künstlerisches Projekt mit DNA? Bitte schreiben Sie mir.

DNA ist dekorativ. Darum wird DNA auch in allerlei Schmuck nachgebildet. In Zeiten von 3-D-Druckern können Gegenstände wie Kerzenständer oder Figuren für ein Schachspiel in Form einer DNA-Doppelhelix daherkommen. Wenn Sie selbst DNA-Skulpturen entwerfen, seien Sie vor einer häufigen Falle gewarnt – die Standard-B-**DNA ist eine rechtsgängige Doppelhelix**. Wer das nicht beachtet, macht sich in gewissen Kreisen lächerlich. Wie schnell ist so eine Druckvorlage mal gespiegelt, bei anderen Fotos ist das ja nicht weiter schlimm. Bei DNA allerdings gibt es eine regelrechte rechtsgängige Szene im Internet. Suchen Sie mal nach linksgängiger DNA. Sie werden staunen, was Sie da so alles finden werden.

Kompendium: DNA ist in allerlei Logos, Gemälden und Skulpturen zu finden. Wenn Sie selbst DNA-Kunst machen wollen, achten Sie immer darauf, B-DNA als rechtsgängige Helix darzustellen.

Zum Weiterlesen und für den Faktencheck

Ein wirklich lesenswerter Bericht über die Entdeckung der DNA-Struktur, wenn auch nicht sonderlich objektiv → Watson, The Double Helix: A personal account of The Discovery of the structure of DNA, Paperback, 2010.

Ein bemerkenswertes Beispiel von DNA-basierter Konzept-Kunst → Jarvis. Ergo sum. https://cjarvis.com/ergo-sum/ – abgerufen 6. März 2021.

Ja, es gibt auch linksgängige Z-DNA, die ist aber KEIN Spiegelbild der ikonenhaften B-DNA → Neidle. Beyond the double helix: DNA structural diversity and the PDB. *J Biol Chem.* **2021;** 296:100553. PMID: 33744292. https://doi.org/10.1016/j.jbc.2021.100553

11 ½ Heut steht die Welt still – wegen ein bisschen RNA

12

Es war einmal eine Welt, in der man nicht mit dem Flugzeug jederzeit und überall hinfliegen konnte. Wir arbeiteten im Homeoffice und hatten viel Zeit. Jedermann und jede Frau hat die ewig langen Emails, die man sich ständig zugeschickt hat, wirklich und wahrhaftig gelesen. – Naja, wir wollen jetzt doch nicht allzu weit in entrückte Fantasiewelten abdriften, sondern von der Corona-Krise reden, wegen der die Welt 2020/2021 den Atem anhielt. Ich schreibe ganz bewusst in der Vergangenheit in der Hoffnung, dass wir zum Erscheinen dieses Springer essentials zur Normalität zurückgekehrt sind.

Der Coronavirus SARS-CoV-2 war wohl von einer Fledermaus mit oder ohne Zwischenwirt auf den Menschen übergesprungen. Das geschah irgendwann im Herbst oder dem frühen Winter 2019 in China. Ende Dezember 2019 gab es die offizielle Meldung an die Weltgesundheitsorganisation WHO, dass es eine neue Art einer sich rasch ausbreitenden Atemwegserkrankung gab. Viel hat sich seitdem getan. Ende März 2020 stand China als nahezu auskurierter Musterknabe dar. Dann war Italien dran; und danach ganz Europa. Schlimmes oder sehr viel Schlimmeres war nun für Länder wie Großbritannien oder die Vereinigten Staaten von Amerika prognostiziert… und dabei habe ich viele Länder unserer Erde noch gar nicht erwähnt.

Eigentlich geht es bei „Corona" nur um einen recht kurzen Fetzen Nukleinsäure-Schnur – etwa 30’000 Nucleotide. Da es sich bei diesem RNA-Virus jedoch nicht um einen Virus mit DNA im Inneren handelt, macht dieses Kapitel das Duzend nicht voll. Es bleibt als RNA-Kapitel bei 11 und ½ für diese Sammlung.

Was ist denn so besonders dran am Erreger SARS-CoV-2? Der Name kann es schon einmal nicht sein, steht diese Abkürzung doch nur für „Schweres und akutes Atemwegs-Syndrom [verursacht von] Coronavirus 2". Dabei kommt das „R" vom englischen Wort „respiratory" für Atemwege. Die Krankheit dazu

J. W. Mueller, *11 ½ ungewöhnliche Fakten über DNA*, essentials,
https://doi.org/10.1007/978-3-658-37770-0_12

ist genauso fantasielos benannt. COVID-19 steht für Coronavirus-Krankheit aus dem Jahre 2019. Nichts davon ist so „schick" wie zum Beispiel Ebola – einer sehr schlimmen Virusinfektion, die nach dem lokalen afrikanischen Fluss Ebola benannt wurde, an dessen Ufern die Krankheit erstmals auftrat.

Coronaviren sind ebenfalls nicht besonders neu – wir alle kennen so einige Coronaviren. Erreger der gemeinen Erkältung, manchmal auch (Männer-) Schnupfen genannt, gehören zu den Coronaviren, genauso wie jene Viren, die MERS und SARS auslösten. Das genetische Material und ein paar Hilfsproteine sind bei Coronaviren in einem Membranbläschen verpackt. In dieser Membran stecken viele große und merkwürdig geformte Proteine (die Spitzen- oder S-Proteine), so dass das Bild an eine Krone erinnerte (auf Spanisch und Latein: Corona) (Abb. 12.1). Regelmäßig kommen wir also, oft im Herbst, mit irgendwelchen Coronaviren in Kontakt. Garantiert jeder und jede von uns hat so eine Infektion schon erfolgreich überstanden.

Was macht der neue Coronavirus anders als die, die wir schon lange kennen? SARS-CoV-2 ist mit 80 % Ähnlichkeit schon sehr verwandt zu SARS-CoV-1, dem Virus, der 2003 die SARS-Epidemie verursachte. So unähnlich sind sich die beiden auch nicht im Mechanismus. Beide sind Membran-umschlossene RNA-Viren der β-Coronavirus-Familie. Beide binden mit ihrem viralen S-Protein (auch Spike- oder Spitzen-Protein genannt) an den gleichen Rezeptor – das Angiotensin-umwandelnde Enzym ACE2. Im Vergleich zu SARS-CoV-1 scheint aber der Erreger von COVID-19 einfach überall ein bisschen besser zu sein. Etwas infektiöser, aber weniger tödlich als SARS-CoV-1. Durch eine stärkere Bindung seines S-Proteins an den ACE2-Rezeptor erreicht SARS-CoV-2 eine höhere Infektionsrate und das auch schon in den oberen Atemwegen. Dann kann SARS-CoV-2 aber auch die unteren Atemwege befallen – Lungenversagen sowie schwere Immunreaktionen sind die Folge.

SARS-CoV-2 verursachte eine Pandemie, vergleichbar mit der Spanische Grippe 1918–1920 oder mit HIV/AIDS. Wir hatten mehrere Lockdowns und ein verwirrendes Geflecht von Beschränkungen und Verboten. Viele von uns wurden zu Privat-Lehrerinnen, Amateur-Frisören und Videokonferenz-Weltmeisterinnen. Wohl die besten Nachrichten kamen immer wieder von den Forschergruppen, die nach Impfstoffen gegen SARS-CoV-2 suchten. Fast ein bisschen ironisch ist es, dass die ersten Impfstoffe gegen COVID-19 dann mRNA-Impfstoffe waren – Auge um Auge oder RNA-Impfstoff gegen RNA-Virus. Die mRNA-Impfstoffe der Mainzer Firma BioNTech – entwickelt und vertrieben gemeinsam mit dem Pharma-Riesen Pfizer – auf der einen Seite und der amerikanischen Firma Moderna auf der anderen sind dann auch noch die ersten mRNA-Impfstoffe, die es überhaupt gab.

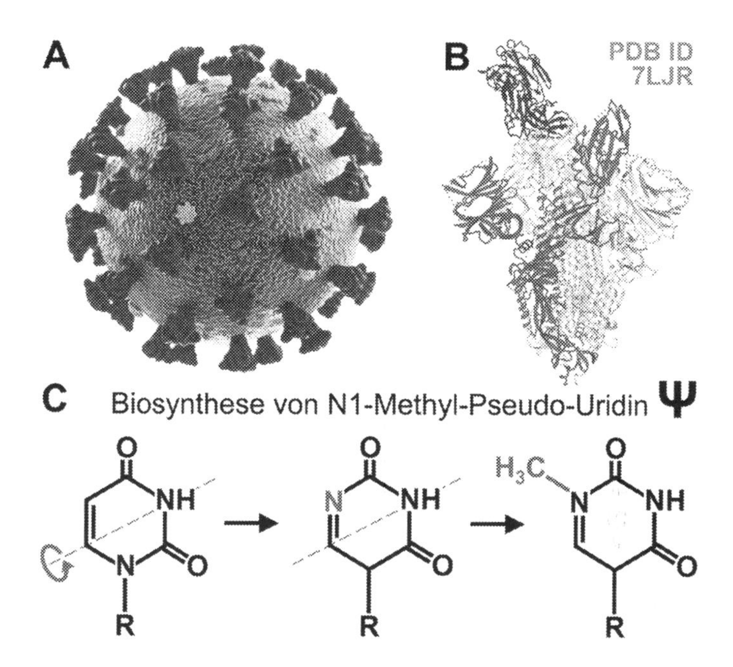

Abb. 12.1 RNA-Virus gegen RNA-Impfstoff. A. Bei einem Partikel des Corona-Virus ist das eigentliche virale „Paket" in einer Membran-Blase eingeschlossen und in dieser Membran stecken Spitzen-Proteine (spike proteins). **B.** Eine der vielen Strukturen, die vom Covid-19-S-Protein 2020 und 2021 aufgeklärt wurden, zeigt das dreifache S-Protein ist grau, gelb und rot. Blau eingefärbt ist ein Teil eines Antikörpers dargestellt. **C.** Die allerersten RNA-Impfstoffe überhaupt, die Corona-Impfstoffe von Moderna und BioNTech/Pfizer basieren auf so einigen raffinierten Entdeckungen. Eine davon ist eine merkwürdige Modifizierung von RNA. N1-Methyl-Pseudouridin (Ψ) ist eine natürlich vorkommende RNA-Modifizierung. Erst wird die Uracil-Kernbase gedreht und dann am Ring-Stickstoff methyliert. So modifizierte RNA löst keine Immunreaktion mehr aus. Die RNA-Impfstoffe von Moderna und BioNTech/Pfizer enthalten gar kein Uracil mehr, sondern ausschließlich Ψ. [Bildnachweis: Corona-Partikel, © Aldeca Productions, stock.adobe.com, 328545705; Strukturvisualisierung nach https://doi.org/10.2210/pdb7LJR/pdb]

Aber wie funktionieren diese **mRNA-Impfstoffe?** Im Prinzip ganz einfach: Die Bauanleitung für ein gutes Antigen-Protein wird in „RNA-Sprache" übersetzt. Diese mRNA wird dann chemisch synthetisiert und so verpackt, dass sie von Zellen aufgenommen werden kann. Einmal einem Menschen eingeimpft, wird dieses „Päckchen" meist von Zellen des Immunsystems aufgenommen, diese stellen das

Antigen her und präsentieren es, hübsch dekoriert mit allerlei Zuckern und ein paar Sulfat-Resten. Dieses sorgfältig präsentierte Antigen sollte die Aufmerksamkeit des Immunsystems erregen, das dann wiederum wunderbare Antikörper macht. Total simpel, oder? Was sollte da schon schiefgehen?

Vieles kann dabei schiefgehen. Das Prinzip von mRNA-Impfstoffen wurde quasi seit der Zeit diskutiert, als mRNAs als Boten des Zellkerns entdeckt wurden. Warum ist dann der erste mRNA-Impfstoff erst 2020 zugelassen worden? Erstmal ist die Sache mit dem „guten" Antigen nicht so besonders trivial, es soll ja einem Hüllenprotein des Virus ähnlich sein, sich aber anders verhalten – viel stabiler soll es sein, und zwar in einer Form, die das Immunsystem gut erkennen kann und die repräsentativ für das Virus ist. Dann war auch die (Bio-) Synthese von längeren mRNAs nicht immer so leicht wie heute. Oh, und dann haben wir das Verpackungsproblem – es mussten erst kationische, Liposom-formende, dendritische Polyamine erfunden werden, um zuverlässig Nucleinsäuren in Zellen einschleusen zu können. …also, äh, Schwamm-förmige Dinger mit positiver Ladung, die mit langen RNA-Molekülen Fußball-ähnliche Komplexe bilden und dabei die negative Ladung der RNA ausgleichen.

Und dann war da noch ein unerwartetes Problem mit unserer Immunabwehr selbst. Unser Körper mag es überhaupt nicht, wenn fremde Nucleinsäuren am Verdauungstrakt vorbei eingeschleust werden und in die Blutbahn gelangen. Das Immunsystem klassifiziert dieses Zeug sofort als Attacke eines fiesen Virus und schlägt gehörig Alarm. Versuchstiere starben ziemlich bald an der Überreaktion des Immunsystems nach der Injektion von RNAs. Hier sei die Ungarin Dr. Katalin Karikó erwähnt. Fast ihr gesamtes Leben hatte sie dem Studium von RNAs gewidmet. Sie erlebte viele Niederlagen und Demütigungen. Gemeinsam mit ihrem Kollegen Drew Weissman aber entwickelte sie eine Methode, wie durch die gezielte Methylierung von manchen RNA-Basen das Immunsystem ausgetrickst werden konnte. Auf ihrer Technologie basieren beide aktuellen mRNA-Impfstoffe, sowohl der von Moderna, als auch jener von BioNTech. Auch gehört Frau Dr. Karikó seit 2013 dem Vorstand von BioNTech an.

Fantastisch an RNA-Impfstoffen ist ihre schnelle Anpassungsfähigkeit – es sollte nicht zu schwer sein, den Impfstoff immer wieder an Varianten des Virus anzupassen, sodass wir hoffentlich dauerhaft COVID-19 in den Griff bekommen werden. Gleichzeitig sollte diese nun bestehende Technologie auch beim Kampf gegen andere Infektionskrankheiten nützlich sein. Es bleibt zu hoffen, dass all die großartigen Leistungen von vielen sehr engagierten Wissenschaftlern auch nach der Corona-Pandemie nicht vergessen werden. Sowohl der Mitbegründer von Moderna, Derrick Rossi, als auch der Evolutionsbiologe Richard Dawkins haben bereits öffentlich gefordert, dem Duo Karikó/Weissman einen Nobelpreis zu verleihen. Es wäre eine angemessene Würdigung ihrer Leistungen.

Das Feld verändert sich so rasend schnell, dass ich für gute Übersichtsartikel zu aktuellen Medikamenten, aktuellen Impfstoffen und der aktuellen Infektionslage um Corona lediglich auf Suchmaschinen verweise

Hier eine ganz kleine Literatur-Auswahl für den Faktencheck:

Eine packende und eindringliche Version der Geschichte rund um RNA und Frau Dr. Karikó → Cox, How mRNA went from a scientific backwater to a pandemic crusher, Wired UK Magazin 2. Dez. 2020 – https://www.wired.co.uk/article/mrna-coronavirus-vaccine-pfizer-biontech – abgerufen 6. März 2021.

Ist das vielleicht ein Paper für den Nobelpreis? → Karikó et al. Suppression of RNA recognition by Toll-like receptors: the impact of nucleoside modification and the evolutionary origin of RNA. *Immunity.* **2005;** 23(2): 165–75. PubMed PMID: 16111635. https://doi.org/10.1016/j.immuni.2005.06.008

Ein interessantes kleines Fundstück über mRNA-Impfstoffe von Dr. Karikó's Kollegen Weissman. Am 31. März 2020 publiziert – also noch VOR dem Corona-Hype → Pardi et al. Recent advances in mRNA vaccine technology. *Curr Opin Immunol.* **2020;** 65: 14–20. PubMed PMID: 32244193. https://doi.org/10.1016/j.coi.2020.01.008

Was Sie aus diesem *essential* mitnehmen können

Vielleicht ist dieser Band ja eine Anregung für Sie, das Thema DNA aus einer anderen Perspektive zu sehen. Jedes Kapitel enthält Empfehlungen zum **Weiterlesen.** Diese sind als Vorschläge und als Starthilfen gemeint. Sie sind noch lange keine allumfassende Literatursammlung. Ich wünsche Ihnen eine spannende Lesereise in dieses faszinierende Wissensgebiet.

J. W. Mueller, *11 ½ ungewöhnliche Fakten über DNA*, essentials,
https://doi.org/10.1007/978-3-658-37770-0

Ausblick

Sollten Sie diese Ideensammlung mögen und sich ein Fortsetzungs-essential wünschen, dann schreiben Sie mir doch bitte, was Sie gerne darin lesen möchten. Ich freue mich, von Ihnen zu hören.
Hier schonmal ein paar Ideen von meiner Seite:

- Aberwitzige Sequenziermethoden. Seitdem DNA immer mehr durch winzige Poren gezogen und dabei sequenziert wird, kann man die „Next-Generation"-Sequenzierung gut und gerne altmodisch nennen. Nanopore-Sequencing ist jetzt hipp.
- Immer nur A, T, C und G ist doch langweilig. Neue Kernbasen könnten den genetischen Code erweitern und die Speicherkapazität von DNA noch einmal drastisch erhöhen – das geht nicht nur chemisch, auch Phagen benutzen bereits ein modifiziertes Basen-Repertoire. Ungeahnte Anwendungsmöglichkeiten könnten sich auftun.
- Epigenetik – Chromatin kann noch so viel mehr. Die DNA-Lockenwickler-Histone haben noch einen flexiblen Teil. Auf diese Fäden können Informationen geschrieben werden – stellen Sie sich beschriebene tibetanische Gebetsfahnen vor. So können mütterliche und väterliche Versionen von Genen in der Zelle auseinander gehalten werden. Auch könnten Geheimbotschaften von der Mutter – dem Embryo auf den Weg gegeben – für die weltweite Zunahme von Übergewicht verantwortlich sein.

DNA bleibt spannend und ist in ständiger Evolution.

J. W. Mueller, *11 ½ ungewöhnliche Fakten über DNA*, essentials,
https://doi.org/10.1007/978-3-658-37770-0

Printed in the United States
by Baker & Taylor Publisher Services